高校数学IIの超きほん

定期テストを乗り切る

数研出版
https://www.chart.co.jp

本書の特長

- 本書は，「初めて数学Ⅱを学ぶ人」，「数学Ⅱに苦手意識をもっていて，克服したい人」，「数学Ⅱの定期テストだけでも乗り切りたい人」のための導入～基礎レベルの書籍です。
- 誰でもひとりで学習を進められるように，導入的な内容からやさしく解説されています。1単元2ページの構成です。重要なポイントを絞り，無理なく学習できる分量にしました。
- 考えかたの手順をおさえることで，しっかりと基本問題の対策をすることができます。

構成・使い方

まず，じっくりと説明を読みましょう。
重要なポイントや単語は太字や色文字で示しているので，必ず覚えておきましょう。

続いて，練習問題を解きましょう。
わからないときは，左のページの説明に戻ってみましょう。

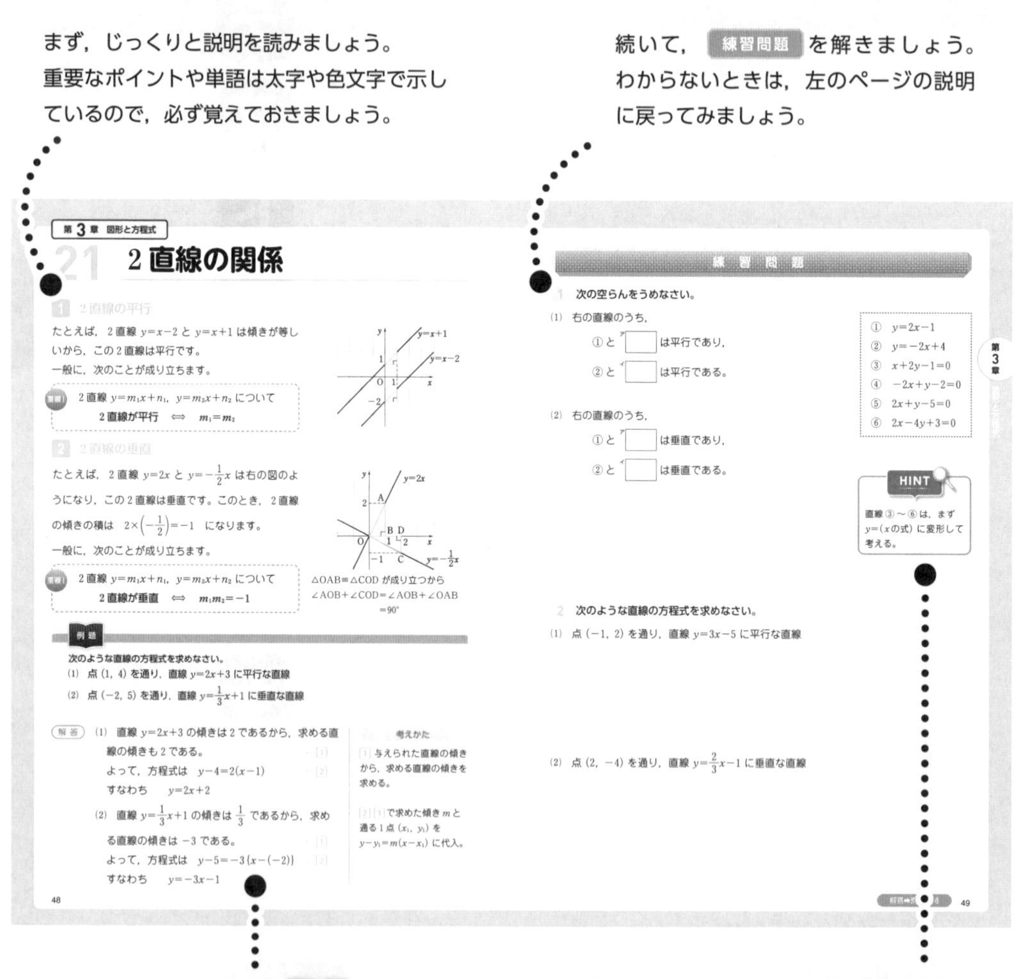

第3章 図形と方程式

21 2直線の関係

1 2直線の平行

たとえば，2直線 $y=x-2$ と $y=x+1$ は傾きが等しいから，この2直線は平行です。
一般に，次のことが成り立ちます。

> 重要！ 2直線 $y=m_1x+n_1$，$y=m_2x+n_2$ について
> **2直線が平行** $\Longleftrightarrow$ $m_1=m_2$

2 2直線の垂直

たとえば，2直線 $y=2x$ と $y=-\frac{1}{2}x$ は右の図のようになり，この2直線は垂直です。このとき，2直線の傾きの積は　$2\times\left(-\frac{1}{2}\right)=-1$　になります。
一般に，次のことが成り立ちます。

> 重要！ 2直線 $y=m_1x+n_1$，$y=m_2x+n_2$ について
> **2直線が垂直** $\Longleftrightarrow$ $m_1m_2=-1$

$\triangle OAB\equiv\triangle COD$ が成り立つから
$\angle AOB+\angle COD=\angle AOB+\angle OAB$
$=90°$

例題

次のような直線の方程式を求めなさい。
(1) 点 $(1,\ 4)$ を通り，直線 $y=2x+3$ に平行な直線
(2) 点 $(-2,\ 5)$ を通り，直線 $y=\frac{1}{3}x+1$ に垂直な直線

解答 (1) 直線 $y=2x+3$ の傾きは2であるから，求める直線の傾きも2である。 [1]
よって，方程式は　$y-4=2(x-1)$ [2]
すなわち　$y=2x+2$

(2) 直線 $y=\frac{1}{3}x+1$ の傾きは $\frac{1}{3}$ であるから，求める直線の傾きは -3 である。 [1]
よって，方程式は　$y-5=-3\{x-(-2)\}$ [2]
すなわち　$y=-3x-1$

考えかた
[1] 与えられた直線の傾きから，求める直線の傾きを求める。
[2] [1]で求めた傾き m と通る1点 $(x_1,\ y_1)$ を $y-y_1=m(x-x_1)$ に代入。

48

練習問題

1 次の空らんをうめなさい。
(1) 右の直線のうち，
①と ア□ は平行であり，
②と イ□ は平行である。
(2) 右の直線のうち，
①と ア□ は垂直であり，
②と イ□ は垂直である。

① $y=2x-1$
② $y=-2x+4$
③ $x+2y-1=0$
④ $-2x+y-2=0$
⑤ $2x+y-5=0$
⑥ $2x-4y+3=0$

HINT
直線③～⑥は，まず $y=(x\text{の式})$ に変形して考える。

2 次のような直線の方程式を求めなさい。
(1) 点 $(-1,\ 2)$ を通り，直線 $y=3x-5$ に平行な直線
(2) 点 $(2,\ -4)$ を通り，直線 $y=\frac{2}{3}x-1$ に垂直な直線

第3章

49

その項目の代表的な問題を 例題 として取り上げています。
例題には， 考えかた として解答とともに解き方・考え方の手順が整理されています。しっかりと取り組みましょう。

練習問題には， POINT や HINT として解くときに必要な公式や補助となる内容を必要に応じて示しています。

目次

第1章 式と証明

1 3次式の展開 …… 4
2 3次式の因数分解 …… 6
3 二項定理 …… 8
4 多項式の割り算 …… 10
5 分数式の乗法・除法 …… 12
6 分数式の加法・減法 …… 14
7 恒等式 …… 16
8 等式の証明 …… 18
9 不等式の証明 …… 20
10 相加平均と相乗平均 …… 22
確認テスト …… 24

第2章 複素数と方程式

11 複素数とその計算 …… 26
12 2次方程式の解と判別式 …… 28
13 解と係数の関係 …… 30
14 解と係数の関係の利用 …… 32
15 剰余の定理と因数定理 …… 34
16 高次方程式の解き方 …… 36
確認テスト …… 38

第3章 図形と方程式

17 直線上の点 …… 40
18 座標平面上の点と距離 …… 42
19 平面上の内分点と外分点 …… 44
20 直線の方程式 …… 46
21 2直線の関係 …… 48
22 点と直線の距離 …… 50
23 円の方程式 …… 52
24 円と直線の共有点 …… 54
25 円の接線の方程式 …… 56
26 軌跡 …… 58
27 不等式の表す領域 …… 60
28 連立不等式の表す領域 …… 62
確認テスト …… 64

第4章 三角関数

29 一般角 …… 66
30 弧度法 …… 68
31 三角関数 …… 70
32 三角関数の相互関係 …… 72
33 三角関数の性質 …… 74
34 三角関数のグラフ …… 76
35 三角関数を含む方程式，不等式 …… 78
36 加法定理 …… 80
37 加法定理の応用 …… 82
38 三角関数の合成 …… 84
確認テスト …… 86

第5章 指数関数と対数関数

39 指数法則 …… 88
40 累乗根 …… 90
41 指数関数とそのグラフ …… 92
42 指数関数と方程式，不等式 …… 94
43 対数 …… 96
44 対数の性質 …… 98
45 対数関数とそのグラフ …… 100
46 対数関数と方程式，不等式 …… 102
47 常用対数 …… 104
確認テスト …… 106

第6章 微分法と積分法

48 平均変化率と微分係数 …… 108
49 導関数 …… 110
50 いろいろな関数の微分 …… 112
51 接線 …… 114
52 関数の増減 …… 116
53 関数の極大・極小 …… 118
54 関数の最大・最小 …… 120
55 方程式，不等式への応用 …… 122
56 不定積分 …… 124
57 定積分 …… 126
58 定積分の性質 …… 128
59 定積分と面積 (1) …… 130
60 定積分と面積 (2) …… 132
確認テスト …… 134

1　3 次式の展開

1　3 次式の展開

2 次式の展開の公式を利用すると，3 次式 $(a+b)^3$ は次のように展開することができます。

$$\begin{aligned}(a+b)^3&=(a+b)(a+b)^2\\&=(a+b)(a^2+2ab+b^2)\\&=a(a^2+2ab+b^2)+b(a^2+2ab+b^2)\\&=a^3+2a^2b+ab^2+a^2b+2ab^2+b^3\\&=a^3+3a^2b+3ab^2+b^3\end{aligned}$$

2 次式の展開の公式
$(a+b)^2=a^2+2ab+b^2$
$(a-b)^2=a^2-2ab+b^2$
$(a+b)(a-b)=a^2-b^2$

3 次式 $(a+b)^3$，$(a-b)^3$ の展開は，次の公式 1，2 にまとめられます。
また，次の 3 次式の展開 3，4 も，公式として利用されます。

重要!
1　$(a+b)^3=a^3+3a^2b+3ab^2+b^3$　　**2**　$(a-b)^3=a^3-3a^2b+3ab^2-b^3$
3　$(a+b)(a^2-ab+b^2)=a^3+b^3$　　**4**　$(a-b)(a^2+ab+b^2)=a^3-b^3$

例題

次の式を展開しなさい。

(1)　$(x+2)^3$　　(2)　$(2x-1)^3$
(3)　$(x+2)(x^2-2x+4)$　　(4)　$(x-3y)(x^2+3xy+9y^2)$

解答

(1)　$(x+2)^3=x^3+3\cdot x^2\cdot 2+3\cdot x\cdot 2^2+2^3$　　← 公式 1
$=x^3+6x^2+12x+8$

(2)　$(2x-1)^3$　　← 公式 2
$=(2x)^3-3\cdot(2x)^2\cdot 1+3\cdot 2x\cdot 1^2-1^3$
$=8x^3-12x^2+6x-1$

(3)　$(x+2)(x^2-2x+4)$　　← 公式 3
$=(x+2)(x^2-x\cdot 2+2^2)$
$=x^3+2^3=x^3+8$

(4)　$(x-3y)(x^2+3xy+9y^2)$　　← 公式 4
$=(x-3y)\{x^2+x\cdot 3y+(3y)^2\}$
$=x^3-(3y)^3=x^3-27y^3$

考えかた

1　式の形を見て，展開の公式 1～4 に文字や数字をあてはめて展開する。

練習問題

1 次の空らんをうめなさい。

(1) $(x+1)^3=x^3+3\cdot\boxed{ア}^2\cdot1+3\cdot x\cdot\boxed{イ}^2+1^3$

$=\boxed{ウ}$

(2) $(x-3y)^3=x^3-3\cdot x^2\cdot\boxed{ア}+3\cdot\boxed{イ}\cdot(3y)^2-(3y)^3$

$=\boxed{ウ}$

(3) $(x+1)(x^2-x+1)=(x+1)(x^2-x\cdot1+1^2)$

$=\boxed{ア}^3+\boxed{イ}^3=\boxed{ウ}$

(4) $(2x-y)(4x^2+2xy+y^2)=(2x-y)\{(2x)^2+2x\cdot y+y^2\}$

$=(\boxed{ア})^3-\boxed{イ}^3=\boxed{ウ}$

2 次の式を展開しなさい。

(1) $(3x+2)^3$

(2) $(x-4y)^3$

(3) $(2x+3)(4x^2-6x+9)$

(4) $(3x-y)(9x^2+3xy+y^2)$

解答➡別冊 p. 2

2 3次式の因数分解

1 3次式の因数分解

右にまとめた2次式の因数分解の公式は，数学Ⅰで学びました。
これらは，p. 4に示した2次式の展開の公式の左辺と右辺を入れかえたものになっています。
次の3次式の因数分解も，公式として覚えておくと便利です。

2次式の因数分解の公式
$a^2+2ab+b^2=(a+b)^2$
$a^2-2ab+b^2=(a-b)^2$
$a^2-b^2=(a+b)(a-b)$

重要!
1 $a^3+b^3=(a+b)(a^2-ab+b^2)$ ←p. 4 公式 3 の左辺と右辺を入れかえたもの
2 $a^3-b^3=(a-b)(a^2+ab+b^2)$ ←p. 4 公式 4 の左辺と右辺を入れかえたもの

例題 1

次の式を因数分解しなさい。
(1) x^3+8　　(2) $27x^3-y^3$

解答 (1) $x^3+8=x^3+2^3$
　[1] $=(x+2)(x^2-x\cdot 2+2^2)$ ← 公式 1
　$=(x+2)(x^2-2x+4)$
(2) $27x^3-y^3=(3x)^3-y^3$
　[1] $=(3x-y)\{(3x)^2+3x\cdot y+y^2\}$ ← 公式 2
　$=(3x-y)(9x^2+3xy+y^2)$

考えかた
[1] 式の形を見て，因数分解の公式 1，2 に文字や数字をあてはめる。

例題 2

x^4-1 を因数分解しなさい。

解答 $x^4-1=(x^2)^2-1^2$
　[1] $=(x^2+1)(x^2-1)$
　[2] $=(x^2+1)(x+1)(x-1)$

考えかた
[1] x^2 を文字 A におき換えて考えると
$A^2-1^2=(A+1)(A-1)$
[2] 2次式 a^2-b^2 の因数分解の公式をくり返し用いる。

練 習 問 題

1 次の空らんをうめなさい。

(1) $x^3+1=x^3+{}^{ア}\boxed{}^3$

$=(x+1)\left({}^{イ}\boxed{}-x\cdot1+1^2\right)$

$={}^{ウ}\boxed{}$

(2) $8x^3-27y^3=(2x)^3-\left({}^{ア}\boxed{}\right)^3$

$=\left({}^{イ}\boxed{}-3y\right)\left\{\left({}^{イ}\boxed{}\right)^2+{}^{イ}\boxed{}\cdot3y+(3y)^2\right\}$

$={}^{ウ}\boxed{}$

2 次の式を因数分解しなさい。

(1) x^3+27

(2) $64x^3-y^3$

(3) x^4-16y^4

解答➡別冊 p. 2

3 二項定理

1 二項定理

$$(a+b)^3=(\overset{①}{a+b})(\overset{②}{a+b})(\overset{③}{a+b})$$

において，右辺の展開式の各項は，① の $(a+b)$ から a か b を選び，② の $(a+b)$ から a か b を選び，③ の $(a+b)$ から a か b を選んで，掛け合わせたものになります。

たとえば，展開式における a^2b の項は
3 個の $a+b$ のうち，右のように
2 個から a，残りの 1 個から b
を取って掛け合わせたものです。

$(a+b)(a+b)(a+b)$
$\to aab=a^2b$
$\to aba=a^2b$
$\to baa=a^2b$

よって，a^2b の項の係数は，3 個の $a+b$ から 1 個の b を取る組合せの総数 ${}_3C_1$ に等しくなります。同じように考えると，

a^3 の係数は ${}_3C_0$ ← 3 個の $a+b$ から 0 個の b を取る組合せの総数
ab^2 の係数は ${}_3C_2$ ← 3 個の $a+b$ から 2 個の b を取る組合せの総数
b^3 の係数は ${}_3C_3$ ← 3 個の $a+b$ から 3 個の b を取る組合せの総数

に等しくなることがわかります。

すなわち　$(a+b)^3={}_3C_0a^3+{}_3C_1a^2b+{}_3C_2ab^2+{}_3C_3b^3=a^3+3a^2b+3ab^2+b^3$

一般に，次の 二項定理 が成り立ちます。

重要!

$$(a+b)^n={}_nC_0a^n+{}_nC_1a^{n-1}b+{}_nC_2a^{n-2}b^2+\cdots\cdots$$
$$\cdots\cdots+{}_nC_ra^{n-r}b^r+\cdots\cdots+{}_nC_{n-1}ab^{n-1}+{}_nC_nb^n$$

例題

二項定理を用いて，次の式を展開しなさい。

(1) $(a+b)^4$　　(2) $(x-2)^4$

解答 (1) $(a+b)^4$

1
$={}_4C_0a^4+{}_4C_1a^3b+{}_4C_2a^2b^2+{}_4C_3ab^3+{}_4C_4b^4$
$=a^4+4a^3b+6a^2b^2+4ab^3+b^4$

(2) $(x-2)^4$

1
$={}_4C_0x^4+{}_4C_1x^3(-2)+{}_4C_2x^2(-2)^2+{}_4C_3x(-2)^3$
$+{}_4C_4(-2)^4$
$=x^4-8x^3+24x^2-32x+16$

考えかた

1 二項定理に文字や数字をあてはめて考える。

(2) $(x-2)^4=\{x+(-2)\}^4$

練習問題

1　次の空らんをうめなさい。

$(a+b)^5 = {}_5C_0a^5 + {}_5C_1$ ア□ $+ {}_5C_2a^3b^2 + {}_5C_3$ イ□ $+ {}_5C_4ab^4 + {}_5C_5b^5$

$= a^5 +$ ウ□ $+ 10a^3b^2 +$ エ□ $+ 5ab^4 + b^5$

$${}_nC_r = \frac{\overbrace{n(n-1)(n-2)\cdots\cdots(n-r+1)}^{r\text{個}}}{r(r-1)\cdots\cdots2\cdot1}$$

2　次の式を展開しなさい。

(1)　$(a+3)^4$

(2)　$(x-2)^5$

COLUMN　パスカルの三角形

$(a+b)^1$ と $(a+b)^2$，$(a+b)^3$，$(a+b)^4$，$(a+b)^5$ の展開式の各項の係数を三角形状に並べると，右の図のようになります。

この図について，次のことが成り立ちます。

[1]　数の配列は左右対称で，各行の両端は 1 である。

[2]　両端以外は，その左上と右上の数の和に等しい。

このような数の配列を **パスカルの三角形** といいます。

$(a+b)^1$	1　1
$(a+b)^2$	1　2　1
$(a+b)^3$	1　3　3　1
$(a+b)^4$	1　4　6　4　1
$(a+b)^5$	1　5　10　10　5　1

解答➡別冊 p. 2

4 多項式の割り算

1 多項式の割り算

数の割り算と同じような方法で，多項式の割り算を行うことができます。

たとえば，多項式 x^2+5x+9 を多項式 $x+3$ で割る計算は，下のようになります。

$$\begin{array}{r l}
x+2 & \\
x+3\,\overline{)\,x^2+5x+9} & \\
x^2+3x & \cdots\cdots(x+3)\times x \\
\hline
2x+9 & \cdots\cdots(x^2+5x+9)-(x^2+3x) \\
2x+6 & \cdots\cdots(x+3)\times 2 \\
\hline
3 & \cdots\cdots(2x+9)-(2x+6)
\end{array}$$

$$\begin{array}{r l}
12 & \cdots\cdots 商 \\
13\,\overline{)\,159} & \\
13 & \cdots\cdots 13\times 1 \\
\hline
29 & \\
26 & \cdots\cdots 13\times 2 \\
\hline
3 & \cdots\cdots 余り
\end{array}$$

このとき，x^2+5x+9 を $x+3$ で割った 商 は $x+2$，余り は 3 であるといいます。この計算は，次の等式で表すことができます。

$$\underset{割られる式}{x^2+5x+9}=\underset{割る式}{(x+3)}\underset{商}{(x+2)}+\underset{余り}{3}$$

一般に，多項式 A を多項式 B で割った商を Q，余りを R とすると，次の等式が成り立ちます。

> $\boldsymbol{A=BQ+R}$　　ただし，R は 0 か，B より次数の低い多項式

特に，$R=0$ すなわち $A=BQ$ となるとき，A は B で 割り切れる といいます。

例題

多項式 $6x^2-5x+3$ を多項式 $2x+1$ で割り，商と余りを求めなさい。

解答　右の計算から

商は　$3x-4$

余りは　7

$$\begin{array}{r l}
3x-4 & \\
2x+1\,\overline{)\,6x^2-5x+3} & \\
6x^2+3x & \leftarrow \boxed{1} \\
\hline
-8x+3 & \\
-8x-4 & \leftarrow \boxed{2} \\
\hline
7 & \leftarrow \boxed{3}
\end{array}$$

考えかた

1 $6x^2$ を消すために，$(2x+1)\times 3x$ を引く。

2 $-8x$ を消すために，$(2x+1)\times(-4)$ を引く。

3 残りの式の次数が，割る式の次数より低くなる。

練　習　問　題

1　次の空らんをうめなさい。

右の計算から，多項式 x^3+3x^2-4x-8 を多項式 $x+2$ で割った

商は エ［　　　］

余りは オ［　　　］

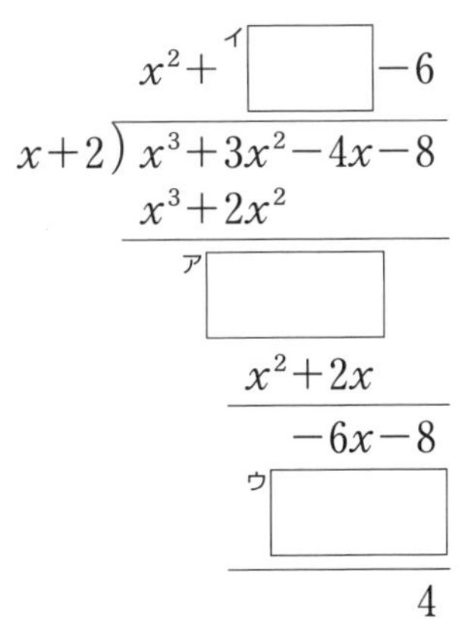

2　次の多項式 A，B について，A を B で割った商と余りを求めなさい。

(1)　$A=2x^2+5x-3$，$B=x-1$

(2)　$A=x^3+4x^2+2x-5$，$B=x^2+2$

(3)　$A=6x^3+7x^2-5x-3$，$B=2x+3$

解答➡別冊 p. 2

5 分数式の乗法・除法

1 分数式

$\dfrac{2}{x}$ や $\dfrac{x+1}{x^2+x+2}$ のように，2つの多項式 A，B によって $\dfrac{A}{B}$ の形に表され，B に文字を含む式を 分数式 といいます。

分数式 $\dfrac{A}{B}$ において，B をその 分母，A をその 分子 といいます。

分数式の分母と分子をそれらの共通な因数で割ることを 約分 するといいます。

$$\frac{2x}{x^2+x}=\frac{2x}{x(x+1)}=\frac{2}{x+1}$$ ← 分子と分母に共通な因数 x を含む

上の $\dfrac{2}{x+1}$ のように，それ以上約分できない分数式を 既約(きやく)分数式 といいます。

2 分数式の乗法と除法

分数式の乗法と除法は，分数の乗法，除法と同じように行います。

$$\frac{A}{B}\times\frac{C}{D}=\frac{AC}{BD} \qquad \frac{A}{B}\div\frac{C}{D}=\frac{A}{B}\times\frac{D}{C}=\frac{AD}{BC}$$

例題

次の計算をしなさい。

(1) $\dfrac{3x}{x^2-1}\times\dfrac{x+1}{x}$　　(2) $\dfrac{x^2+5x+6}{x^2+2x}\div\dfrac{x^2+4x+3}{5x^2}$

解答

(1) $\dfrac{3x}{x^2-1}\times\dfrac{x+1}{x}\overset{1}{=}\dfrac{3x}{(x+1)(x-1)}\times\dfrac{x+1}{x}$

$\overset{2}{=}\dfrac{3x\times(x+1)}{(x+1)(x-1)\times x}\overset{3}{=}\dfrac{3}{x-1}$

(2) $\dfrac{x^2+5x+6}{x^2+2x}\div\dfrac{x^2+4x+3}{5x^2}$

$\overset{1}{=}\dfrac{(x+2)(x+3)}{x(x+2)}\times\dfrac{5x^2}{(x+1)(x+3)}$

$\overset{2}{=}\dfrac{(x+2)(x+3)\times5x^2}{x(x+2)\times(x+1)(x+3)}$

$\overset{3}{=}\dfrac{5x}{x+1}$

考えかた

1 分母と分子を因数分解して，共通な因数を見つける。

2 分母どうし，分数どうしを掛ける。

3 約分して，結果を既約分数式の形にする。

練 習 問 題

1 次の空らんをうめなさい。

分数式の約分
分母と分子を因数分解して，共通な因数を見つける。

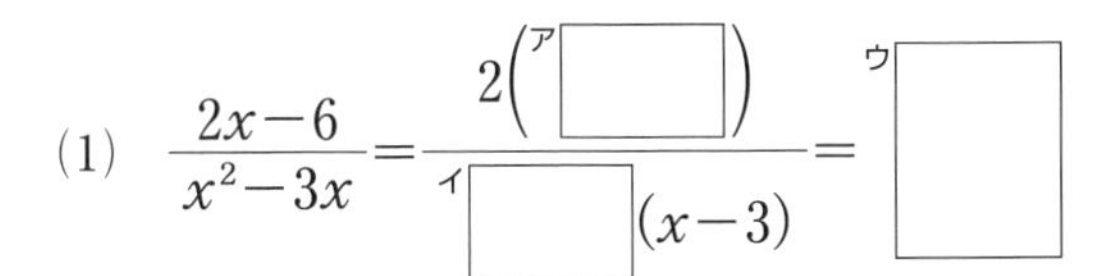

(1) $\dfrac{2x-6}{x^2-3x}=\dfrac{2(^{ア}\square)}{^{イ}\square(x-3)}={}^{ウ}\square$

(2) $\dfrac{x^2-x-2}{x^2+5x+4}=\dfrac{(^{ア}\square)(x-2)}{(x+1)(^{イ}\square)}={}^{ウ}\square$

2 次の計算をしなさい。

(1) $\dfrac{1}{x-2}\times\dfrac{2x^2-4x}{x+3}$

(2) $\dfrac{x+2}{x^2+x-12}\times\dfrac{x-3}{x^2-4}$

(3) $\dfrac{x^2+3x+2}{x^2-2x-15}\div\dfrac{x^2-2x-8}{x-5}$

解答➡別冊 p. 2

6 分数式の加法・減法

1 分数式の加法と減法

分母が同じ分数式の加法と減法は，分数の計算と同じように，分子どうしの足し算や引き算を行います。

$$\frac{A}{C}+\frac{B}{C}=\frac{A+B}{C} \qquad \frac{A}{C}-\frac{B}{C}=\frac{A-B}{C}$$

例 (1) $\frac{x}{x+3}+\frac{x-1}{x+3}=\frac{x+(x-1)}{x+3}=\frac{2x-1}{x+3}$

(2) $\frac{x+2}{x(x-1)}-\frac{3}{x(x-1)}=\frac{(x+2)-3}{x(x-1)}$

$=\frac{x-1}{x(x-1)}=\frac{1}{x}$

分母が異なる分数式の加法と減法は，分母を同じ多項式にしてから計算を行います。

2つ以上の分数式の分母を同じ多項式にすることを 通分 するといいます。

例 $\frac{1}{x+1}+\frac{2}{x+2}=\frac{x+2}{(x+1)(x+2)}+\frac{2(x+1)}{(x+1)(x+2)}=\frac{3x+4}{(x+1)(x+2)}$

例題

$\frac{x}{x+1}+\frac{5x+2}{x^2-x-2}$ を計算しなさい。

解答 $\frac{x}{x+1}+\frac{5x+2}{x^2-x-2}=\frac{x}{x+1}+\frac{5x+2}{(x+1)(x-2)}$

1 $=\frac{x(x-2)}{(x+1)(x-2)}+\frac{5x+2}{(x+1)(x-2)}$

2 $=\frac{x(x-2)+(5x+2)}{(x+1)(x-2)}$

$=\frac{x^2+3x+2}{(x+1)(x-2)}$

$=\frac{(x+1)(x+2)}{(x+1)(x-2)}$

3 $=\frac{x+2}{x-2}$

考えかた

1 通分して分母をそろえる。

分母を因数分解すると通分しやすくなる。

2 分子どうしを足す。

3 約分して，結果を既約分数式の形にする。

練　習　問　題

1 次の空らんをうめなさい。

分数式の加法と減法
分母を同じ多項式にしてから計算する。

(1) $\dfrac{2x-1}{x(x-1)}+\dfrac{x+1}{x(x-1)}=\dfrac{(2x-1)+(^{ア}\boxed{})}{x(x-1)}$

$=\dfrac{^{イ}\boxed{}}{x(x-1)}=^{ウ}\boxed{}$

(2) $\dfrac{x^2}{x+2}-\dfrac{4}{x+2}=\dfrac{^{ア}\boxed{}}{x+2}$

$=\dfrac{(^{イ}\boxed{})(x-2)}{x+2}=^{ウ}\boxed{}$

2 次の計算をしなさい。

(1) $\dfrac{1}{x+1}+\dfrac{1}{x-1}$

(2) $\dfrac{x-1}{x^2+3x+2}-\dfrac{x-3}{x^2+4x+3}$

解答➡別冊 p. 3

7 恒等式

1 恒等式

等式 $(x-1)^2=x^2-2x+1$，$x^2+5x+8=(x+2)(x+3)+2$ などは，含まれている文字にどのような値を代入しても成り立ちます。このような等式を 恒等式 といいます。

たとえば，次の等式 ① は恒等式ですが，等式 ② は恒等式ではありません。

① $(x+2)(x-1)=x^2+x-2$ ← 左辺を展開すると右辺が得られ，どんな x の値を代入しても成り立つ。

② $(x+2)(x-1)=0$ ← $x=-2$，$x=1$ のときだけ成り立つ。

2 次式の恒等式について，次のことが成り立ちます。

重要！ $ax^2+bx+c=a'x^2+b'x+c'$ が x についての恒等式である

$$\iff \quad a=a',\ b=b',\ c=c'$$

例題

次の等式が x についての恒等式であるとき，定数 a，b，c の値を求めなさい。

$$x^2+4x-2=a(x+1)^2+b(x+1)+c$$

解答 等式の右辺を整理すると

$$a(x+1)^2+b(x+1)+c$$
$$=a(x^2+2x+1)+b(x+1)+c$$
$$=ax^2+(2a+b)x+(a+b+c) \quad \text{[1]}$$

よって，等式は

$$x^2+4x-2=ax^2+(2a+b)x+(a+b+c)$$

これが x についての恒等式であるから

$$a=1,\ 2a+b=4,\ a+b+c=-2 \quad \text{[2]}$$

これを解いて　　$a=1$，$b=2$，$c=-5$

考えかた

[1] 恒等式の各辺で同類項を整理する。右辺の積の部分を展開して同類項をまとめる。

[2] 両辺の同じ次数の項の係数は，それぞれ等しい。

上の例題において，恒等式は x にどんな値を代入しても成り立つので，a，b，c の値が求めやすい x の値を代入して求めることもできます。

たとえば，$x=-1$，0，1 を代入すると　$-5=c$，　$-2=a+b+c$，　$3=4a+2b+c$

これを解いても，$a=1$，$b=2$，$c=-5$ を得ることができます。

練　習　問　題

1　次の空らんをうめなさい。

次の等式 ①～④ のうち,

恒等式であるものは ア［　　　］, 恒等式でないものは イ 

① $(x+2)(x+3)=x^2+5x+6$

② $a^2-b^2=(a-b)^2$

③ $x(x+1)-2(x+3)=x^2-x-6$

④ $(a+b)^2+(a-b)^2=2(a^2+b^2)$

2　次の問いに答えなさい。

(1)　等式 $x^2+(a-1)x+b=(x+2)^2$ が x についての恒等式であるとき, 定数 a, b の値を求めなさい。

(2)　等式 $2x^2-5x-1=a(x-2)^2+b(x-2)+c$ が x についての恒等式であるとき, 定数 a, b, c の値を求めなさい。

解答➡別冊 p. 3

8 等式の証明

1 等式の証明

次の等式 ① が常に成り立つかどうかは，式を見ただけではわかりません。

$$(x-2)(x-3)+2(x-3)+3x=x^2 \quad \cdots\cdots ①$$

しかし，等式の左辺を整理すると

$$(x-2)(x-3)+2(x-3)+3x=(x^2-5x+6)+(2x-6)+3x$$
$$=x^2$$

となることから，等式 ① は常に成り立つことがわかります。

等式 $A=B$ を証明するには，たとえば，次のような方法があります。

1 A か B の一方を変形して，他方を導く。

2 A と B の両方を変形して，同じ式を導く。

3 $A-B=0$ であることを導く。

例　等式 $(a+b)^2=(a-b)^2+4ab$ の証明　(方法 **2**)

左辺は　$(a+b)^2=a^2+2ab+b^2$

右辺は　$(a-b)^2+4ab=(a^2-2ab+b^2)+4ab$
$=a^2+2ab+b^2$

したがって　$(a+b)^2=(a-b)^2+4ab$

例題

$\dfrac{a}{b}=\dfrac{c}{d}$ のとき，等式 $\dfrac{a+c}{b+d}=\dfrac{a-c}{b-d}$ を証明しなさい。

証明　$\dfrac{a}{b}=\dfrac{c}{d}=k$ とおくと　$a=bk$，$c=dk$　[1]

よって　$\dfrac{a+c}{b+d}\overset{[2]}{=}\dfrac{bk+dk}{b+d}=\dfrac{(b+d)k}{b+d}=k$

$\dfrac{a-c}{b-d}\overset{[2]}{=}\dfrac{bk-dk}{b-d}=\dfrac{(b-d)k}{b-d}=k$　[3]

したがって　$\dfrac{a+c}{b+d}=\dfrac{a-c}{b-d}$

考えかた

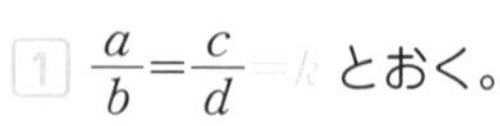
[1] $\dfrac{a}{b}=\dfrac{c}{d}=k$ とおく。

[2] [1] でできた式を，左辺・右辺に代入する。

[3] 方法 **2** で証明する。

練　習　問　題

1　次の空らんをうめなさい。

等式 $(a^2+1)(b^2+1)=(ab+1)^2+(a-b)^2$ を証明する。

左辺は　　$(a^2+1)(b^2+1)=$ ア[　　] $+a^2+b^2+1$

右辺は　$(ab+1)^2+(a-b)^2=\left(a^2b^2+\right.$ イ[　　] $\left.+1\right)+\left(a^2-2ab+\right.$ ウ[　　] $\left.\right)$

$=a^2b^2+$ エ[　　] $+b^2+1$

よって，左辺と右辺は等しくなるから

$$(a^2+1)(b^2+1)=(ab+1)^2+(a-b)^2$$

2　次の問いに答えなさい。

(1)　$x+y=1$ のとき，等式 $x^2+y=y^2+x$ を証明しなさい。

(2)　$\dfrac{a}{b}=\dfrac{c}{d}$ のとき，等式 $\dfrac{2a+c}{2b+d}=\dfrac{a-3c}{b-3d}$ を証明しなさい。

9 不等式の証明

1 不等式の証明

実数 a，b の大小関係と差 $a-b$ について，次のことが成り立ちます。

$$a>b \quad \Longleftrightarrow \quad a-b>0$$

よって，不等式 $A>B$ を証明するには，不等式 $A-B>0$ を示せばよいことがわかります。

2 実数の平方

実数 a，b の平方について，次のことが成り立ちます。

$\boldsymbol{a^2 \geqq 0}$　　等号が成り立つのは $\boldsymbol{a=0}$ のときである。

$\boldsymbol{a^2+b^2 \geqq 0}$　　等号が成り立つのは $\boldsymbol{a=b=0}$ のときである。

この性質も，不等式の証明に利用されます。

例題 1

$a>b$ のとき，不等式 $4a-b>a+2b$ を証明しなさい。

証明

$(4a-b)-(a+2b)=3a-3b=3(a-b)$ ← 1

$a>b$ より，$a-b>0$ であるから　$3(a-b)>0$ ← 2

よって　$(4a-b)-(a+2b)>0$

すなわち　$4a-b>a+2b$

考えかた

1 (左辺)−(右辺) の式を整理する。

2 条件を利用して，(左辺)−(右辺)>0 を導く。

例題 2

不等式 $a^2+4ab+5b^2 \geqq 0$ を証明しなさい。
また，等号が成り立つのは，どのようなときか答えなさい。

証明

$a^2+4ab+5b^2=(a^2+4ab+4b^2)+b^2$

$=(a+2b)^2+b^2$ ← 1

$(a+2b)^2 \geqq 0$，$b^2 \geqq 0$ であるから

$(a+2b)^2+b^2 \geqq 0$ ← 2

よって　$a^2+4ab+5b^2 \geqq 0$

等号が成り立つのは，$a+2b=0$ かつ $b=0$，

すなわち $a=b=0$ のときである。← 3

考えかた

1 不等式の左辺を，○^{2}＋□^{2} の形に変形する。

2 実数 a の平方について $a^2 \geqq 0$ であることを利用。

3 等号が成り立つときを調べる。

練 習 問 題

1 **次の空らんをうめなさい。**

(1) $a>b$ のとき，不等式 $3a+b>a+3b$ を証明する。

$$(3a+b)-(a+3b)={}^{ア}\boxed{}-2b=2\left({}^{イ}\boxed{}\right)$$

$a-b\ {}^{ウ}\boxed{}\ 0$ であるから　$2\left({}^{イ}\boxed{}\right)>0$

したがって　　$3a+b>a+3b$

(2) 不等式 $a(a+2)\geqq-1$ を証明する。

$$a(a+2)+1=a^2+2a+1$$

$$=\left({}^{ア}\boxed{}\right)^2\geqq 0$$

したがって　　$a(a+2)\geqq-1$

等号が成り立つのは，$a={}^{イ}\boxed{}$ のときである。

2 **次の問いに答えなさい。**

(1) $a>b$ のとき，不等式 $(a+1)(b+1)>b(a+2)+1$ を証明しなさい。

(2) 不等式 $a^2+10b^2\geqq 6ab$ を証明しなさい。

また，等号が成り立つのは，どのようなときか答えなさい。

解答➡別冊 p. 4

10 相加平均と相乗平均

1 相加平均と相乗平均

2つの実数 a, b について, $\dfrac{a+b}{2}$ を a と b の 相加平均(そうかへいきん) といいます。

また, $a>0$, $b>0$ のとき, $\sqrt{ab}$ を a と b の 相乗平均(そうじょうへいきん) といいます。

たとえば, 2と8について　相加平均は $\dfrac{2+8}{2}=5$, 相乗平均は $\sqrt{2\cdot 8}=4$

ここで, $5>4$ です。

一般に, 相加平均と相乗平均の間には, 次のような大小関係があります。

重要! **相加平均と相乗平均の大小関係**

$a>0$, $b>0$ のとき　$\boldsymbol{\dfrac{a+b}{2}\geqq\sqrt{ab}}$

等号が成り立つのは, $\boldsymbol{a=b}$ のときである。

証明　$a>0$, $b>0$ のとき　$\dfrac{a+b}{2}-\sqrt{ab}=\dfrac{a+b-2\sqrt{ab}}{2}=\dfrac{(\sqrt{a})^2+(\sqrt{b})^2-2\sqrt{a}\sqrt{b}}{2}$

$$=\frac{(\sqrt{a}-\sqrt{b})^2}{2}\geqq 0$$

したがって　$\dfrac{a+b}{2}\geqq\sqrt{ab}$

等号が成り立つのは, $\sqrt{a}-\sqrt{b}=0$ すなわち $a=b$ のときである。

例題

$a>0$ のとき, 不等式 $a+\dfrac{1}{a}\geqq 2$ を証明しなさい。

また, 等号が成り立つのは, どのようなときか答えなさい。

証明　$a>0$ のとき, $\dfrac{1}{a}>0$ である。

よって, 相加平均と相乗平均の大小関係により

$$a+\frac{1}{a}\geqq 2\sqrt{a\times\frac{1}{a}}$$ ←1

したがって　$a+\dfrac{1}{a}\geqq 2$

等号が成り立つのは, $a>0$ かつ $a=\dfrac{1}{a}$,

すなわち $a=1$ のときである。←2

考えかた

1 相加平均と相乗平均の大小関係を変形した不等式 $a+b\geqq 2\sqrt{ab}$ を用いる。

2 等号が成り立つときを調べる。

練　習　問　題

1　**次の空らんをうめなさい。**

(1)　4 と 9 の

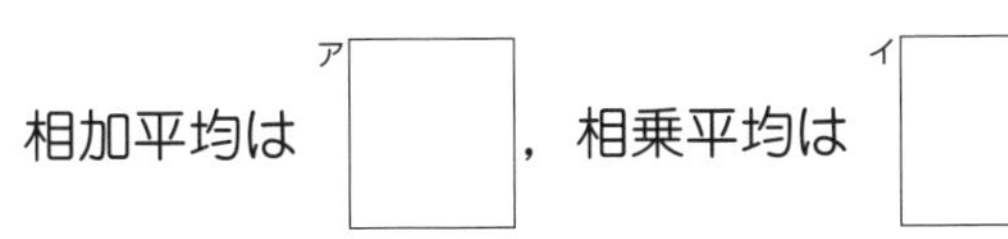

相加平均は ア□，相乗平均は イ□

(2)　6 と $\frac{2}{3}$ の

相加平均は ア□，相乗平均は イ□

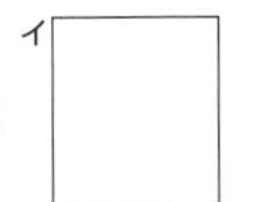

相加平均と相乗平均

相加平均
└── 足し算の意味の平均

相乗平均
└── 掛け算の意味の平均

2　$a>0$，$b>0$ **のとき，不等式** $\dfrac{9b}{a}+\dfrac{a}{4b}\geqq 3$ **を証明しなさい。**

また，等号が成り立つのは，どのようなときか答えなさい。

解答➡別冊 p. 4

確認テスト

1 $(2x-3y)^5$ の展開式における x^2y^3 の項の係数を求めなさい。

2 多項式 A を x^2+2x-1 で割ると，商が $x+1$，余りが $2x+3$ になる。
このような多項式 A を求めなさい。

3 次の計算をしなさい。

(1) $\dfrac{2x^2-3x-2}{x^2-5x+6}\times\dfrac{x^2-3x}{2x+1}$

(2) $\dfrac{1}{x-1}-\dfrac{1}{x+1}-\dfrac{2}{x^2+1}$

4 次の等式が x についての恒等式であるとき，定数 a，b，c の値を定めなさい。

$$ax(x+1)+bx(x-1)+c(x-1)(x-3)=x^2+3$$

5 $x+y+z=0$ のとき，等式 $x^3+y^3+z^3=3xyz$ を証明しなさい。

6 次の問いに答えなさい。

(1) 不等式 $x^2+xy+y^2 \geqq 0$ を証明しなさい。また，等号が成り立つのは，どのようなときか答えなさい。

(2) $x>y$ のとき，不等式 $x^3>y^3$ を証明しなさい。

解答➡別冊 p. 4

11 複素数とその計算

1 複素数

2 乗すると -1 になる新しい数を 1 つ考え，これを文字 i で表します。すなわち，$i^2=-1$ とします。この i を 虚数単位（きょすう） といいます。
正の実数 a について，次のように定めます。

$$a>0 \text{ のとき} \quad \sqrt{-a}=\sqrt{a}\,i \qquad \text{特に} \quad \sqrt{-1}=i$$

そして，$3+2i$ のように，i と 2 つの実数 a，b を用いて
$a+bi$ の形に表される数を 複素数 といいます。
$b=0$ である複素数 $a+0i$ は実数 a を表します。
$b\neq 0$ のとき，複素数 $a+bi$ を 虚数 といいます。

複素数	
1　-3　$\sqrt{2}$　$-\pi$	i　$2+3i$　$-4i$　$1-\sqrt{2}\,i$
実数	虚数

2 つの複素数が等しいことを，次のように定めます。

$$\boldsymbol{a+bi=c+di \iff a=c \text{ かつ } b=d}$$
$$\boldsymbol{a+bi=0 \iff a=0 \text{ かつ } b=0}$$

例　実数 x，y について，$x-4i=3+yi$ が成り立つとき　　$x=3$，$y=-4$

2 複素数の計算

複素数の計算では，虚数単位 i を普通の文字のように扱い，i^2 がでてきたら，それを -1 におき換えます。

例 (1)　$(2+3i)+(1-4i)=(2+1)+(3-4)i=3-i$

(2)　$(-3+i)-(5-2i)=(-3-5)+(1+2)i=-8+3i$

(3)　$(1+i)(2-3i)=2-3i+2i-3i^2$
$=2-i-3\cdot(-1)=5-i$

(4)　$\dfrac{3-2i}{2+i}=\dfrac{(3-2i)(2-i)}{(2+i)(2-i)}=\dfrac{6-3i-4i+2i^2}{2^2-i^2}$
$=\dfrac{4-7i}{4+1}=\dfrac{4}{5}-\dfrac{7}{5}i$

2 つの複素数 $a+bi$ と $a-bi$ を，互いに 共役（きょうやく）な複素数 といいます。
上の例のように，複素数の除法は共役な複素数を利用して行います。
2 つの複素数の和，差，積，商は，常に複素数になります。

練習問題

1 次の空らんをうめなさい。

(1) 4つの複素数 $1+5i$, -4, $1+\sqrt{2}$, $-\sqrt{3}\,i$ のうち

実数は ア[　　] と イ[　　] であり，虚数は ウ[　　] と エ[　　] である。

(2) 複素数 $4+5i$ と共役な複素数は ア[　　] であり，

複素数 $-3i$ と共役な複素数は イ[　　] である。

(3) 実数 x, y について，$x-6i=2+yi$ が成り立つとき，

$x=$ ア[　　], $y=$ イ[　　] である。

2 次の計算をしなさい。

(1) $(3+i)+(2-5i)$

(2) $(-2+4i)-(3-2i)$

(3) $(1+2i)(3-i)$

(4) $\dfrac{-2+i}{1+i}$

解答➡別冊 p. 5

12 2次方程式の解と判別式

1 2次方程式

2次方程式の解を複素数の範囲で考えると，たとえば，2次方程式 $x^2=-2$ の解は，次のようになります。

$x=\pm\sqrt{-2}$ すなわち $x=\pm\sqrt{2}\,i$ ← x は2乗して -2 になる数

2次方程式の解の公式は，数の範囲を複素数まで広げても成り立ちます。

2次方程式 $ax^2+bx+c=0$ の解は $x=\dfrac{-b\pm\sqrt{b^2-4ac}}{2a}$

例 2次方程式 $x^2+3x+5=0$ の解は

$$x=\frac{-3\pm\sqrt{3^2-4\cdot1\cdot5}}{2\cdot1}=\frac{-3\pm\sqrt{-11}}{2}=\frac{-3\pm\sqrt{11}\,i}{2}$$

2 判別式

方程式の解のうち，実数であるものを 実数解 といい，虚数であるものを 虚数解 といいます。

数学Ⅰで学んだ2次方程式 $ax^2+bx+c=0$ の解と，判別式 $D=b^2-4ac$ の関係は，次のようにまとめることができます。

$D>0 \iff$ 異なる2つの実数解をもつ
$D=0 \iff$ 重解をもつ
$D<0 \iff$ 異なる2つの虚数解をもつ

注 重解は実数解であるから，「$D\geqq0 \iff$ 実数解をもつ」が成り立ちます。

例題

次の2次方程式の解の種類を判別しなさい。

(1) $2x^2-5x+7=0$ (2) $3x^2+\sqrt{5}\,x-2=0$

解答 2次方程式の判別式を D とする。

(1) $D=(-5)^2-4\cdot2\cdot7=-31<0$ ←1

よって，方程式は異なる2つの虚数解をもつ。

(2) $D=(\sqrt{5})^2-4\cdot3\cdot(-2)=29>0$ ←1

よって，方程式は異なる2つの実数解をもつ。

考えかた

1 2次方程式の判別式の符号を調べる。

練 習 問 題

1　次の空らんをうめなさい。

(1)　2 次方程式 $2x^2+x+3=0$ の解は，解の公式により

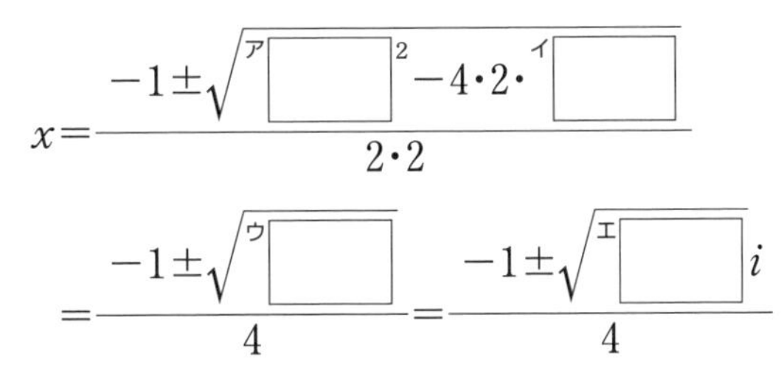

$$x=\frac{-1\pm\sqrt{{}^{ア}\square^2-4\cdot 2\cdot {}^{イ}\square}}{2\cdot 2}$$

$$=\frac{-1\pm\sqrt{{}^{ウ}\square}}{4}=\frac{-1\pm\sqrt{{}^{エ}\square}\,i}{4}$$

(2)　2 次方程式 $3x^2-2\sqrt{2}\,x+1=0$ の判別式を D とする。

$$D=\left({}^{ア}\square\right)^2-4\cdot 3\cdot {}^{イ}\square={}^{ウ}\square$$

D ${}^{エ}\square$ 0 であるから，方程式は異なる 2 つの ${}^{オ}\square$ をもつ。

2　次の問いに答えなさい。

(1)　2 次方程式 $x^2+2x+4=0$ を解きなさい。

(2)　次の 2 次方程式の解の種類を判別しなさい。

①　$x^2+3x+3=0$

②　$5x^2+2x-4=0$

③　$3x^2-2\sqrt{6}\,x+2=0$

解答➡別冊 p. 5

13 解と係数の関係

1 2次方程式の解と係数の関係

2次方程式 $ax^2+bx+c=0$ の2つの解を α, β とすると，次のように表されます。

$$\alpha=\frac{-b+\sqrt{b^2-4ac}}{2a}$$

$$\beta=\frac{-b-\sqrt{b^2-4ac}}{2a}$$

← $\alpha=\frac{-b-\sqrt{b^2-4ac}}{2a}$, $\beta=\frac{-b+\sqrt{b^2-4ac}}{2a}$ としても結果は同じ

これらの和 $\alpha+\beta$ と積 $\alpha\beta$ を計算すると，次のようになります。

$D=b^2-4ac$ とすると

和 $\alpha+\beta=\frac{-b+\sqrt{D}}{2a}+\frac{-b-\sqrt{D}}{2a}=\frac{-2b}{2a}=-\frac{b}{a}$

積 $\alpha\beta=\frac{-b+\sqrt{D}}{2a}\times\frac{-b-\sqrt{D}}{2a}=\frac{(-b)^2-D}{4a^2}=\frac{4ac}{4a^2}=\frac{c}{a}$

このように，2次方程式の2つの解の和と積は，方程式の係数を用いて表すことができます。これを，2次方程式の **解と係数の関係** といいます。

重要！ **2次方程式の解と係数の関係**

2次方程式 $ax^2+bx+c=0$ の2つの解を α, β とすると

$$\boldsymbol{\alpha+\beta=-\frac{b}{a},\quad \alpha\beta=\frac{c}{a}}$$

例　2次方程式 $2x^2+4x+5=0$ の2つの解を α, β とすると　$\alpha+\beta=-\frac{4}{2}=-2$, $\alpha\beta=\frac{5}{2}$

例題

2次方程式 $x^2+2x+6=0$ の2つの解を α, β とするとき，$\alpha^2+\beta^2$ の値を求めなさい。

解答　解と係数の関係から

$$\alpha+\beta=-\frac{2}{1}=-2,\quad \alpha\beta=\frac{6}{1}=6 \quad ← 1$$

よって　$\alpha^2+\beta^2=(\alpha+\beta)^2-2\alpha\beta$ ← 2

$=(-2)^2-2\cdot6$ ← 3

$=-8$

考えかた

1 解と係数の関係から $\alpha+\beta$, $\alpha\beta$ を求める。

2 $\alpha^2+\beta^2$ を $\alpha+\beta$, $\alpha\beta$ で表す。

3 1 で求めた値を代入。

練　習　問　題

1　**次の空らんをうめなさい。**

(1)　2 次方程式 $x^2+5x+3=0$ の 2 つの解を α, β とすると

$\alpha+\beta=$ ア［　　］,　$\alpha\beta=$ イ［　　］

(2)　2 次方程式 $3x^2-6x+4=0$ の 2 つの解を α, β とすると

$\alpha+\beta=$ ア［　　］,　$\alpha\beta=$ イ［　　］

2　**2 次方程式 $x^2+3x-2=0$ の 2 つの解を α, β とするとき，次の式の値を求めなさい。**

(1)　$\alpha^2+\beta^2$

(2)　$(\alpha-\beta)^2$

(3)　$\dfrac{1}{\alpha}+\dfrac{1}{\beta}$

解答➡別冊 p. 5

14 解と係数の関係の利用

1 2 次式の因数分解

2 次方程式 $ax^2+bx+c=0$ の 2 つの解を α, β とするとき

$$ax^2+bx+c=a\left(x^2+\frac{b}{a}x+\frac{c}{a}\right)$$
$$=a\{x^2-(\alpha+\beta)x+\alpha\beta\}$$
$$=a(x-\alpha)(x-\beta)$$

解と係数の関係から
$\alpha+\beta=-\frac{b}{a}$, $\alpha\beta=\frac{c}{a}$

よって, 2 次式 ax^2+bx+c の因数分解について, 次のことがいえます。

2 次方程式 $ax^2+bx+c=0$ の 2 つの解を α, β とするとき

$$\boldsymbol{ax^2+bx+c=a(x-\alpha)(x-\beta)}$$

係数が実数である 2 次式は, 複素数の範囲で常に 1 次式の積に因数分解できます。

例　2 次方程式 $x^2-2x-2=0$ の解は　$x=1\pm\sqrt{3}$

よって　$x^2-2x-2=\{x-(1+\sqrt{3})\}\{x-(1-\sqrt{3})\}$

$=(x-1-\sqrt{3})(x-1+\sqrt{3})$

2 2 数を解とする 2 次方程式

2 数 α, β を解とする 2 次方程式は

$$a(x-\alpha)(x-\beta)=0 \quad ただし, a\neq 0$$

$a=1$ として, この左辺を展開すると, 次のことが成り立ちます。

2 数 α, β を解とする 2 次方程式の 1 つは　$\boldsymbol{x^2-(\alpha+\beta)x+\alpha\beta=0}$

例題

2 数 $2+3i$, $2-3i$ を解とする 2 次方程式で, x^2 の係数が 1 であるものを求めなさい。

解答　解の和は　$(2+3i)+(2-3i)=4$ ← 1

解の積は　$(2+3i)(2-3i)=2^2-(3i)^2=13$ ← 1

よって, 求める 2 次方程式は

$$x^2-4x+13=0$$ ← 2

考えかた

1 2 数の和と積を求める。

2 1 で求めた値を利用。

2 数を解とする 2 次方程式の 1 つは

x^2-(和)$x+$(積)$=0$

練習問題

1 次の空らんをうめなさい。

(1) 2 次方程式 $2x^2-3x-1=0$ の解は $x=\dfrac{3\pm\sqrt{{}^{ア}\square}}{4}$ であるから

$$2x^2-3x-1={}^{イ}\square\left(x-\frac{3+\sqrt{{}^{ア}\square}}{4}\right)\left(x-\frac{3-\sqrt{{}^{ア}\square}}{4}\right)$$

(2) 2 次方程式 $x^2-4x+6=0$ の解は $x={}^{ア}\square\pm{}^{イ}\square i$ であるから

$$x^2-4x+6=\{x-({}^{ア}\square+{}^{イ}\square i)\}\{x-({}^{ア}\square-{}^{イ}\square i)\}$$
$$={}^{ウ}\square$$

2 次の 2 数を解とする 2 次方程式で，x^2 の係数が 1 であるものを求めなさい。

(1) $1+\sqrt{2}$，$1-\sqrt{2}$

(2) $-2+i$，$-2-i$

解答➡別冊 p. 6

15 剰余の定理と因数定理

1 剰余の定理

$3x^2+5x-2$ のような，x についての多項式を $P(x)$ や $Q(x)$ などと書き，x にある数 k を代入したときの $P(x)$ の値を $P(k)$ と書きます。
多項式 $P(x)$ を x の1次式 $x-k$ で割った商が $Q(x)$，余りが R であることは，次の等式で表されます。

$$P(x)=(x-k)Q(x)+R \qquad R\text{は定数}$$

割られる式　割る式　商　余り

ここで，両辺の x に k を代入すると，$P(k)=R$ が得られます。
したがって，次の 剰余の定理 が成り立ちます。

多項式 $P(x)$ を1次式 $x-k$ で割った余りは，$P(k)$ に等しい。

2 因数定理

剰余の定理により，多項式 $P(x)$ が1次式 $x-k$ で割り切れるのは，$P(k)=0$ のときです。
よって，次の 因数定理 が成り立ちます。

1次式 $x-k$ が多項式 $P(x)$ の因数である $\Longleftrightarrow$ $P(k)=0$
（$P(x)$ が $x-k$ で割り切れる）

例題

x^3-3x+2 を因数分解しなさい。

解答　$P(x)=x^3-3x+2$ とすると

$P(1)=1^3-3\cdot1+2=0$ ← 1

よって，$P(x)$ は $x-1$ を因数にもつ。
右の割り算から

$$
\begin{array}{r}
x^2+x-2 \\
x-1\,\overline{)\,x^3 \qquad\; -3x+2}\\
\underline{x^3-x^2 \qquad\qquad}\\
x^2-3x\\
\underline{x^2-\;\;x}\\
-2x+2\\
\underline{-2x+2}\\
0
\end{array}
$$

2
$x^3-3x+2=(x-1)(x^2+x-2)$
3
$=(x-1)\times(x-1)(x+2)$
$=(x-1)^2(x+2)$

考えかた

1 $P(x)=x^3-3x+2$ とし，$P(k)=0$ となる k を見つける。

2 $P(x)$ を $x-k$ で割り，$P(x)$ を因数分解する。

3 さらに，2 の割り算の商 $Q(x)$ を因数分解する。

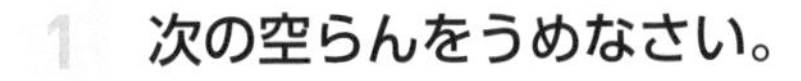

練習問題

1 次の空らんをうめなさい。

(1) $P(x)=x^3+x^2-5$ を $x-2$ で割った余りは

$$P\left({}^{ア}\boxed{}\right)={}^{イ}\boxed{}$$

(2) $P(x)=2x^3-x^2+3x+6$ を $x+1$ で割った余りは

$$P\left({}^{ア}\boxed{}\right)={}^{イ}\boxed{}$$

剰余の定理

多項式 $P(x)$ を 1 次式 $x-k$ で割った余りは

$P(k)$

2 次の式を因数分解しなさい。

(1) x^3-3x^2+4

(2) $x^3+6x^2+5x-12$

解答➡別冊 p. 6

16 高次方程式の解き方

1 高次方程式の解き方

x の多項式 $P(x)$ が n 次式のとき，x の方程式 $P(x)=0$ を n 次方程式 といいます。
また，3 次以上の方程式を 高次方程式 といいます。
高次方程式 $P(x)=0$ を解くには，まず因数分解することを考えます。因数分解をするために，因数分解の公式を利用する方法と，因数定理を利用する方法を考えます。

例題 1

方程式 $x^3-8=0$ を解きなさい。

解答　左辺を因数分解すると

$$(x-2)(x^2+2x+4)=0 \quad \leftarrow 1$$

よって　$x-2=0$　または　$x^2+2x+4=0$　← 2

したがって　$x=2,\ -1\pm\sqrt{3}\,i$　← 3

考えかた

1 左辺に，因数分解の公式 **2** (→ p. 6) を用いる。

2「$AB=0$ ならば $A=0$ または $B=0$」を利用する。

3 $A=0$，$B=0$ を解く。

例題 2

方程式 $x^3+2x^2+3x+2=0$ を解きなさい。

解答　$P(x)=x^3+2x^2+3x+2$ とすると

$$P(-1)=(-1)^3+2\cdot(-1)^2+3\cdot(-1)+2=0 \quad \leftarrow 1$$

よって，$P(x)$ は $x+1$ を因数にもつ。

$$\begin{array}{r|l} & x^2+x+2 \\ x+1 & x^3+2x^2+3x+2 \\ & x^3+\ x^2 \\ \hline & \quad x^2+3x \\ & \quad x^2+\ x \\ \hline & \qquad 2x+2 \\ & \qquad 2x+2 \\ \hline & \qquad\quad 0 \end{array}$$

$P(x)=0$ から

$$(x+1)(x^2+x+2)=0 \quad \leftarrow 2$$

よって

$x+1=0$　または　$x^2+x+2=0$　← 3

したがって　$x=-1,\ \dfrac{-1\pm\sqrt{7}\,i}{2}$

考えかた

1 因数分解の公式が利用できないとき，因数定理を利用。
左辺を $P(x)$ とし，$P(k)=0$ となる k を見つける。

2 $P(x)$ を $x-k$ で割り，$P(x)$ を因数分解する。

3 以下，例題 1 2 以降と同じ。

練　習　問　題

1 **次の空らんをうめて，方程式 $x^4+3x^2-4=0$ を解きなさい。**

方程式の左辺を因数分解すると　　← $(x^2)^2+3x^2-4=0$

$$(x^2-1)\left(x^2+{}^{ア}\square\right)=0$$

よって　　$x^2-1=0$　または　$x^2+{}^{ア}\square=0$

したがって　　$x=\pm{}^{イ}\square$，$\pm{}^{ウ}\square\, i$

高次方程式 $P(x)=0$ を解く

$P(x)$ を因数分解する。

[1]　因数分解の公式を利用

[2]　因数定理を利用

2 **次の方程式を解きなさい。**

(1)　$x^3-7x+6=0$

(2)　$x^3+4x^2+9x+10=0$

解答➡別冊 p. 6

確認テスト

1 $(\sqrt{3}+\sqrt{-1})(1-\sqrt{-3})$ を計算しなさい。

2 2 次方程式 $x^2+ax+a+3=0$ が異なる 2 つの虚数解をもつとき，実数の定数 a の値の範囲を求めなさい。

3 2 次方程式 $x^2+2x+3=0$ の 2 つの解を α，β とするとき，次の式の値を求めなさい。

(1)　$\alpha^2+\alpha\beta+\beta^2$

(2)　$\alpha^3+\beta^3$

4　和も積も 1 である 2 数を求めなさい。

5　3 次方程式 $2x^3+4x^2+5x+3=0$ を解きなさい。

6　3 次方程式 $x^3-x+a=0$ の解の 1 つが 2 であるとき，次の問いに答えなさい。

(1)　実数の定数 a の値を求めなさい。

(2)　他の解を求めなさい。

解答➡別冊 p. 7

17 直線上の点

1 数直線上の 2 点間の距離

数直線上で，座標が a である点 P を P(a) で表します。

たとえば，数直線上の 2 点 A(3)，B(−2) 間の距離は，次のようになります。

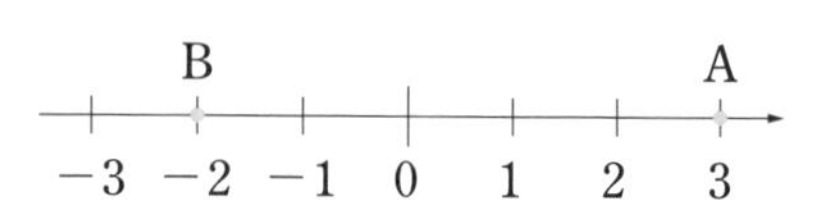

$$3-(-2)=5$$

一般に，2 点 A(a)，B(b) 間の距離 AB は，次の式で表されます。

$a<b$ のとき　　$\mathrm{AB}=b-a$

$a>b$ のとき　　$\mathrm{AB}=a-b$

これらをまとめると　　$\mathrm{AB}=|b-a|$

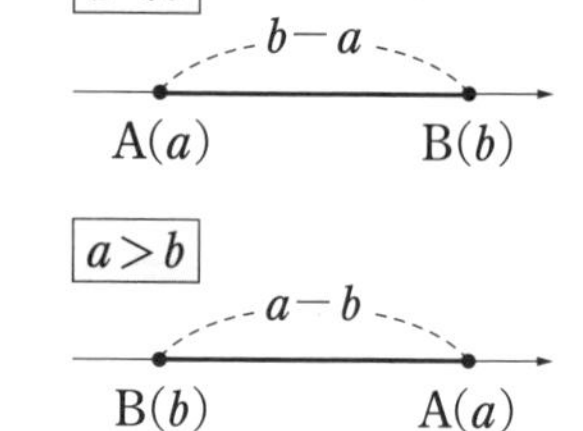

2 内分点と外分点の座標

右の図の 2 点 A(a)，B(b) について，点 P(x) は線分 AB を $m:n$ に内分する点とします。

このとき，AP：PB$=m:n$ から

$$(x-a):(b-x)=m:n \quad \text{すなわち} \quad n(x-a)=m(b-x)$$

内分

m　n

A(a)　P(x)　B(b)

一般に，次のことが成り立ちます。

2 点 A(a)，B(b) を結ぶ線分 AB について

$m:n$ に **内分する** 点の座標は　$\dfrac{na+mb}{m+n}$

$m:n$ に **外分する** 点の座標は　$\dfrac{-na+mb}{m-n}$

特に，線分 AB の中点の座標は　$\dfrac{a+b}{2}$

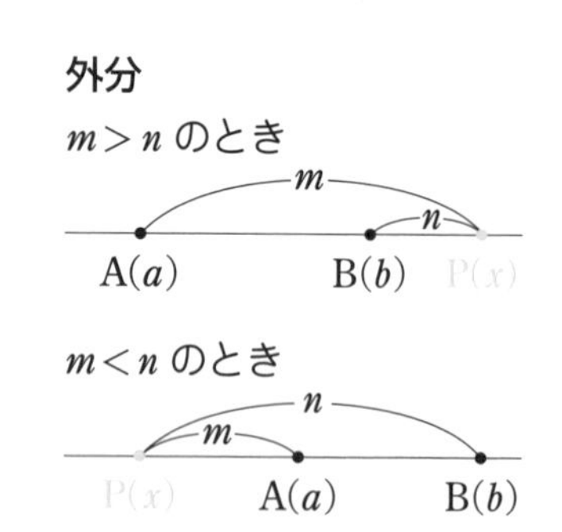

例　2 点 A(−2)，B(4) を結ぶ線分 AB について

(1)　2：1 に内分する点の座標は

$$\frac{1\cdot(-2)+2\cdot4}{2+1}=2$$

A　2　1　B

−3 −2 −1 0 1 2 3 4 5 6 7

(2)　3：1 に外分する点の座標は

$$\frac{-1\cdot(-2)+3\cdot4}{3-1}=7$$

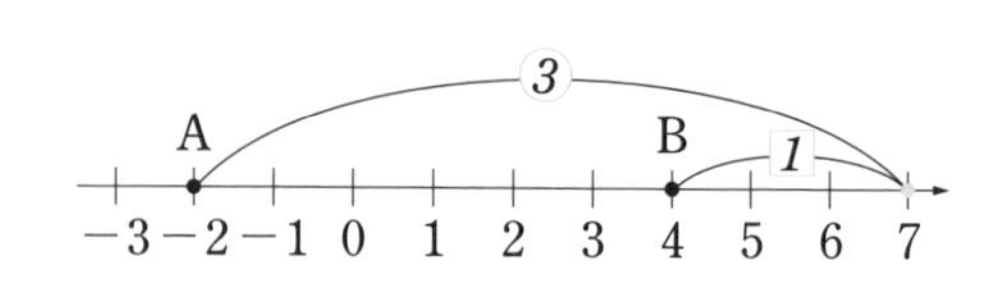

練　習　問　題

1　**2点 A(2)，B(8) について，次の空らんをうめなさい。**

(1)　2点 A，B 間の距離は　ア□ − イ□ ＝ ウ□

(2)　線分 AB を 1：2 に内分する点の座標は

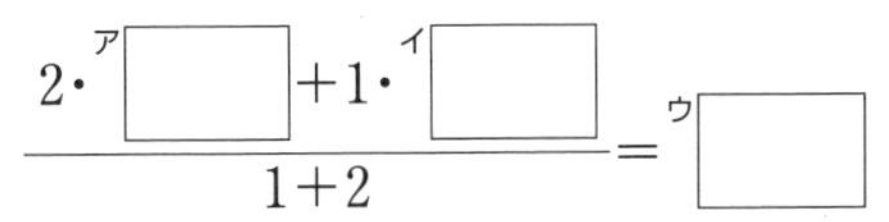

$$\frac{2\cdot \text{ア}\square + 1\cdot \text{イ}\square}{1+2} = \text{ウ}\square$$

(3)　線分 AB を 2：3 に外分する点の座標は

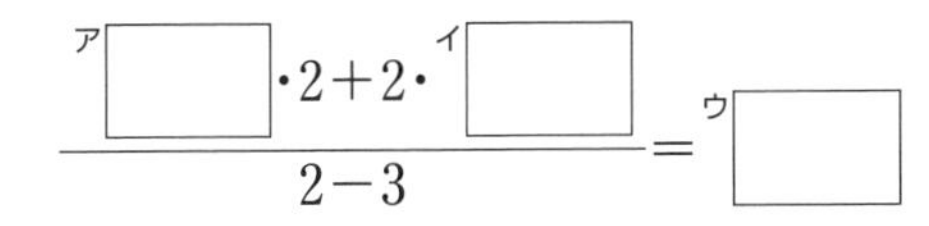

$$\frac{\text{ア}\square \cdot 2 + 2\cdot \text{イ}\square}{2-3} = \text{ウ}\square$$

2　**2点 A(−5)，B(3) を結ぶ線分 AB について，次の点の座標を求めなさい。**

(1)　線分 AB を 3：1 に内分する点

(2)　線分 AB の中点

(3)　線分 AB を 2：1 に外分する点

(4)　線分 AB を 1：2 に外分する点

解答➡別冊 p. 8

18 座標平面上の点と距離

1 象限

座標平面は，座標軸によって，右の図のように 4 つの部分に分けられます。

この 4 つの各部分を 象限(しょうげん) といい，順に

第 1 象限，第 2 象限，第 3 象限，第 4 象限

といいます。たとえば，点 (2, 3) は第 1 象限の点で，点 (−1, −4) は第 3 象限の点です。

座標軸上の点は，どの象限にも含めません。

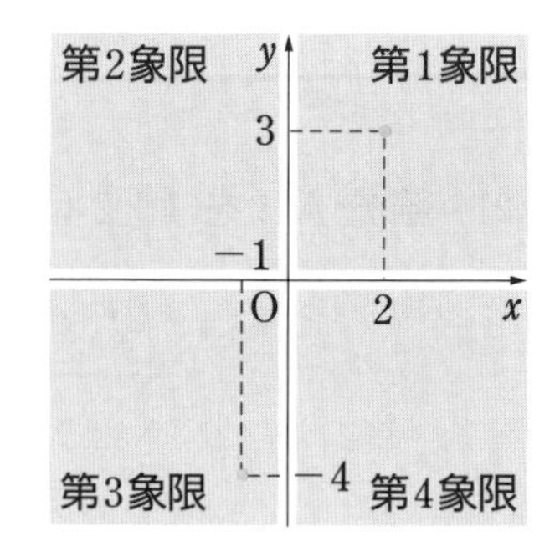

2 2 点間の距離

座標平面上の 2 点間の距離は，次のようになります。

2 点間の距離

2 点 $\mathrm{A}(x_1,\ y_1)$，$\mathrm{B}(x_2,\ y_2)$ 間の距離 AB は

$$\mathrm{AB}=\sqrt{(x_2-x_1)^2+(y_2-y_1)^2}$$

特に，原点 O と点 $\mathrm{A}(x_1,\ y_1)$ の距離 OA は

$$\mathrm{OA}=\sqrt{x_1{}^2+y_1{}^2}$$

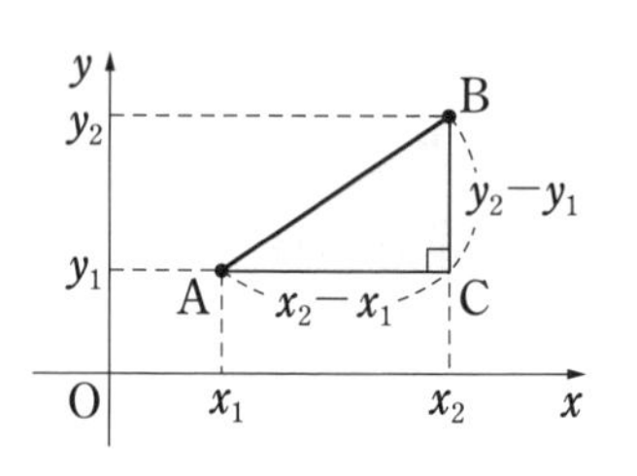

たとえば，2 点 A(2, −1)，B(5, 3) 間の距離は　$\mathrm{AB}=\sqrt{(5-2)^2+\{3-(-1)\}^2}=5$

例題

2 点 A(1, 2)，B(2, −3) から等距離にある x 軸上の点 P の座標を求めなさい。

解答　P は x 軸上の点であるから，その座標を $(a,\ 0)$ とする。 ←1

$\mathrm{AP}=\mathrm{BP}$ より，$\mathrm{AP}^2=\mathrm{BP}^2$ であるから

$$(a-1)^2+(0-2)^2=(a-2)^2+\{0-(-3)\}^2$$ ←2

これを解くと

$$a^2-2a+1+4=a^2-4a+4+9$$

$$2a=8$$

よって，$a=4$ から，P の座標は　(4, 0)

考えかた

1 求める x 軸上の点 P の座標を $(a,\ 0)$ とする。

2 AP^2，BP^2 を a の式で表し，$\mathrm{AP}^2=\mathrm{BP}^2$ を解く。

練習問題

1 **次の空らんをうめなさい。**

(1) 点 $(2,\ -5)$ は第 $^{ア}\boxed{}$ 象限の点であり，点 $(-3,\ 1)$ は第 $^{イ}\boxed{}$ 象限の点である。

(2) 原点と点 $(3,\ -2)$ 間の距離は

$$\sqrt{{}^{ア}\boxed{}^{2}+\left({}^{イ}\boxed{}\right)^{2}}={}^{ウ}\boxed{}$$

(3) 2点 $\mathrm{A}(2,\ -4)$，$\mathrm{B}(7,\ 6)$ 間の距離は

$$\sqrt{\left({}^{ア}\boxed{}-2\right)^{2}+\left\{{}^{イ}\boxed{}-(-4)\right\}^{2}}={}^{ウ}\boxed{}\sqrt{5}$$

2 **次の問いに答えなさい。**

(1) 2点 $\mathrm{A}(-1,\ 2)$，$\mathrm{B}(5,\ -6)$ 間の距離を求めなさい。

(2) 2点 $\mathrm{A}(2,\ 0)$，$\mathrm{B}(1,\ 5)$ から等距離にある y 軸上の点 P の座標を求めなさい。

解答➡別冊 p. 8

19 平面上の内分点と外分点

1 内分点，外分点の座標

座標平面上の内分点と外分点の座標は，次のようになります。

重要！ 2 点 $A(x_1,\ y_1)$，$B(x_2,\ y_2)$ を結ぶ線分 AB について

$m:n$ に内分する点の座標は　$\left(\dfrac{nx_1+mx_2}{m+n},\ \dfrac{ny_1+my_2}{m+n}\right)$

$m:n$ に外分する点の座標は　$\left(\dfrac{-nx_1+mx_2}{m-n},\ \dfrac{-ny_1+my_2}{m-n}\right)$

特に，線分 AB の中点の座標は　$\left(\dfrac{x_1+x_2}{2},\ \dfrac{y_1+y_2}{2}\right)$

2 三角形の重心

三角形の重心は，1 つの頂点とその対辺の中点を結ぶ線分を 2：1 に内分する点です。

座標平面上の三角形の重心について，次が成り立ちます。

重要！ 3 点 $A(x_1,\ y_1)$，$B(x_2,\ y_2)$，$C(x_3,\ y_3)$ を頂点とする

△ABC の重心の座標は　$\left(\dfrac{x_1+x_2+x_3}{3},\ \dfrac{y_1+y_2+y_3}{3}\right)$

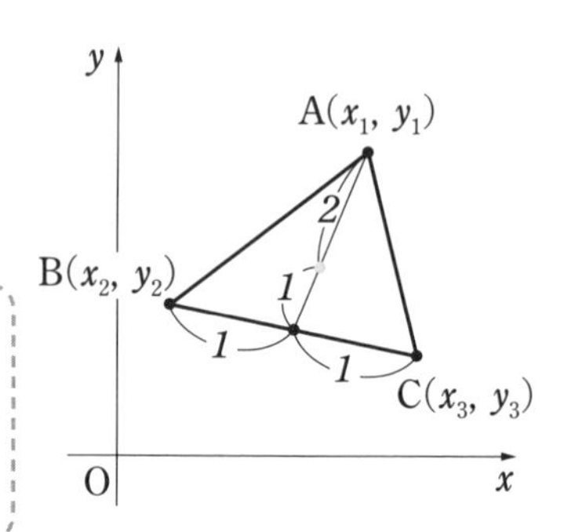

例題

2 点 $A(-2,\ 5)$，$B(6,\ -9)$ について，線分 AB を 2：1 に外分する点の座標を求めなさい。

解答　線分 AB を 2：1 に外分する点を $P(x,\ y)$ とすると ←1

$$x=\frac{-1\cdot(-2)+2\cdot6}{2-1}=14 \quad ←2$$

$$y=\frac{-1\cdot5+2\cdot(-9)}{2-1}=-23 \quad ←2$$

よって，P の座標は　$(14,\ -23)$

考えかた

1 求める点の座標を $(x,\ y)$ とおく。

2 x，y の値を求める。

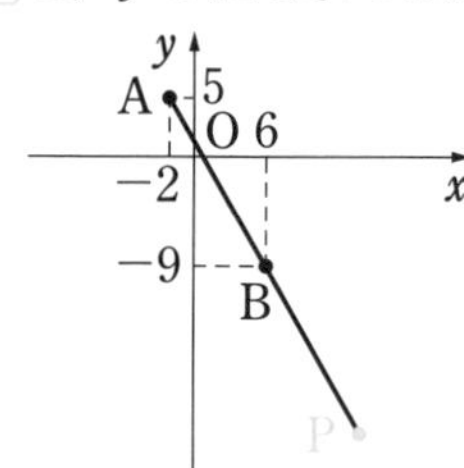

練　習　問　題

1 **次の空らんをうめなさい。**

(1)　2 点 A(2, -4), B(7, 6) について，線分 AB を 3：2 に内分する点を P(x, y) とすると

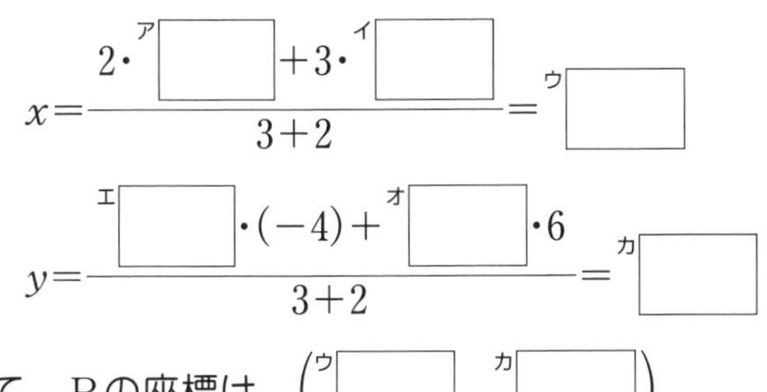

$$x=\frac{2\cdot{}^{ア}\square+3\cdot{}^{イ}\square}{3+2}={}^{ウ}\square$$

$$y=\frac{{}^{エ}\square\cdot(-4)+{}^{オ}\square\cdot 6}{3+2}={}^{カ}\square$$

よって，Pの座標は $({}^{ウ}\square,\ {}^{カ}\square)$

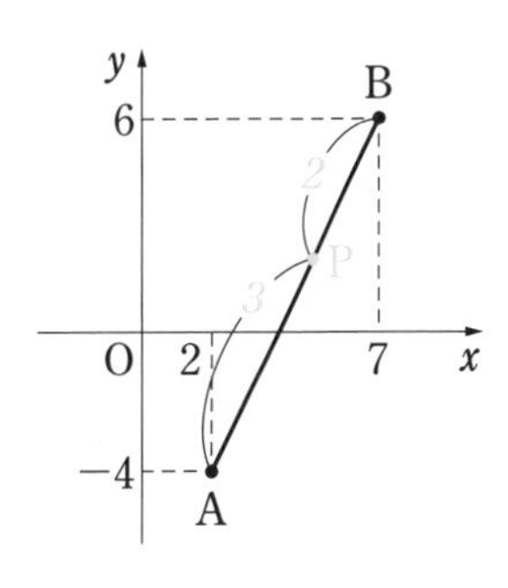

(2)　3 点 A(0, 2), B(6, -1), C(3, 5) を頂点とする △ABC の重心を G(x, y) とすると

$$x=\frac{0+{}^{ア}\square+3}{3}={}^{イ}\square,\quad y=\frac{{}^{ウ}\square-1+5}{3}={}^{エ}\square$$

よって，Gの座標は $({}^{イ}\square,\ {}^{エ}\square)$

2 **3 点 A(1, 5), B(4, 7), C(10, -3) について，次の問いに答えなさい。**

(1)　線分 AB を 2：3 に外分する点の座標を求めなさい。

(2)　△ABC の重心の座標を求めなさい。

解答➡別冊 p. 8

20 直線の方程式

1 直線の方程式

座標平面上の直線を表す式のことを 直線の方程式 といいます。

傾きが m，切片が n である直線の方程式は

$$y=mx+n \quad \cdots\cdots ①$$

この直線が点 $(x_1,\ y_1)$ を通るとすると

$$y_1=mx_1+n \quad \cdots\cdots ②$$

①−② により n を消去すると，次のことが成り立ちます。

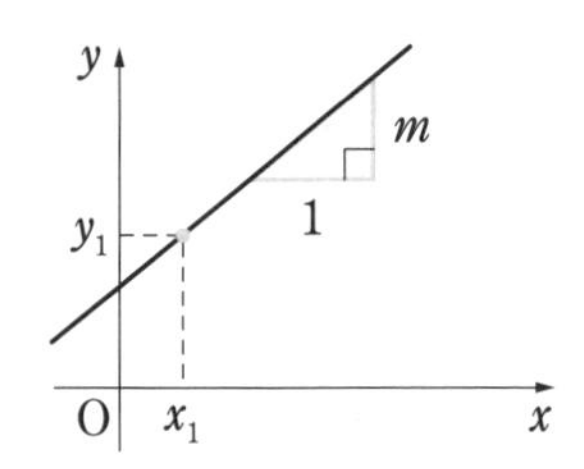

> 点 $(x_1,\ y_1)$ を通り，傾きが m の直線の方程式は
>
> $$\boldsymbol{y-y_1=m(x-x_1)}$$

2 2 点を通る直線の方程式

異なる 2 点 $(x_1,\ y_1)$，$(x_2,\ y_2)$ を通る直線の傾きは

$\dfrac{y_2-y_1}{x_2-x_1}$ と表されることから，2 点を通る直線について，

次のことが成り立ちます。

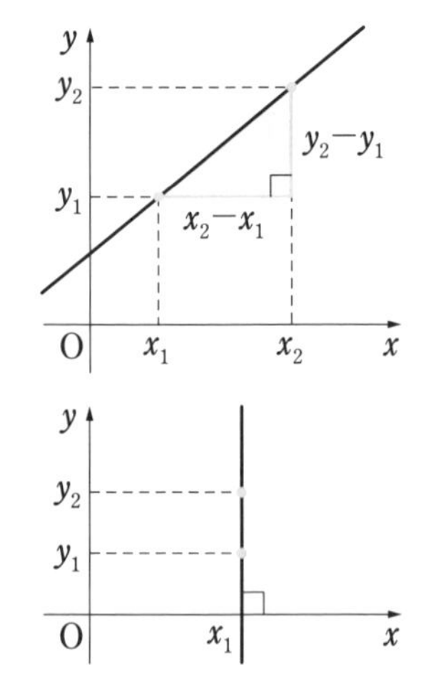

> 異なる 2 点 $(x_1,\ y_1)$，$(x_2,\ y_2)$ を通る直線の方程式は
>
> $x_1 \neq x_2$ のとき　　$\boldsymbol{y-y_1=\dfrac{y_2-y_1}{x_2-x_1}(x-x_1)}$
>
> $x_1=x_2$ のとき　　$\boldsymbol{x=x_1}$

例題

2 点 $(2,\ -2)$，$(8,\ 1)$ を通る直線の方程式を求めなさい。

解答　$y-(-2)=\dfrac{1-(-2)}{8-2}(x-2)$ から　← 1

$$y+2=\frac{1}{2}(x-2)$$

したがって　　$y=\dfrac{1}{2}x-3$　← 2

考えかた

1　2 点の座標を正しく公式に代入する。

2　式を整理する。

練 習 問 題

1 次の空らんをうめなさい。

(1) 点(3, 4) を通り，傾きが -2 の直線の方程式は

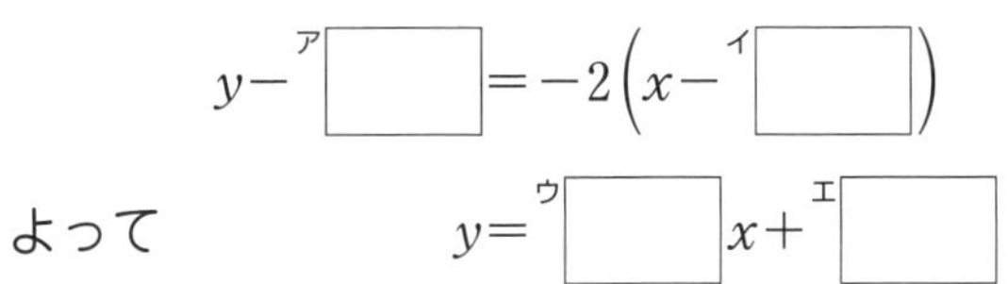

$$y-{}^{ア}\boxed{}=-2\left(x-{}^{イ}\boxed{}\right)$$

よって $$y={}^{ウ}\boxed{}\,x+{}^{エ}\boxed{}$$

(2) 2点$(-1,\ 4)$, $(1,\ -2)$を通る直線の方程式は

$$y-4=\frac{-2-4}{1-(-1)}\{x-(-1)\}$$

から $$y-4={}^{ア}\boxed{}(x+1)$$

よって $$y={}^{イ}\boxed{}\,x+{}^{ウ}\boxed{}$$

直線の方程式は
[1] 通る1点と傾き
[2] 通る2点
が与えられると決まる。

2 次のような直線の方程式を求めなさい。

(1) 点 $(1,\ -3)$ を通る傾き 2 の直線

(2) 2点 $(2,\ 7)$, $(-2,\ 3)$ を通る直線

(3) 2点 $(-3,\ -1)$, $(6,\ 5)$ を通る直線

解答➡別冊 p. 8

21　2 直線の関係

1　2 直線の平行

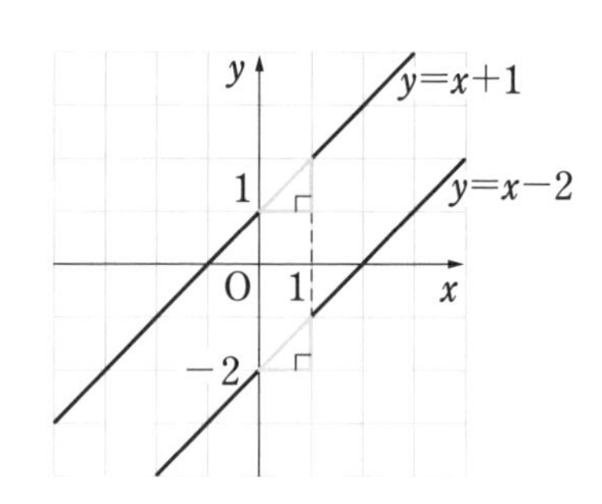

たとえば，2 直線 $y=x-2$ と $y=x+1$ は傾きが等しいから，この 2 直線は平行です。
一般に，次のことが成り立ちます。

2 直線 $y=m_1x+n_1$，$y=m_2x+n_2$ について
2 直線が平行　$\Longleftrightarrow$　$m_1=m_2$

2　2 直線の垂直

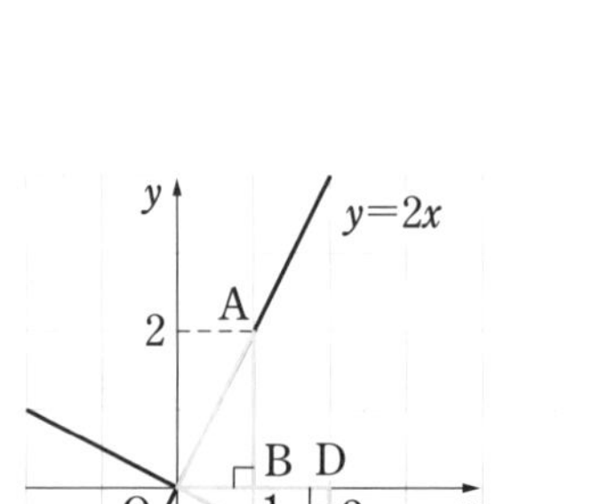

たとえば，2 直線 $y=2x$ と $y=-\frac{1}{2}x$ は右の図のようになり，この 2 直線は垂直です。このとき，2 直線の傾きの積は　$2\times\left(-\frac{1}{2}\right)=-1$　になります。
一般に，次のことが成り立ちます。

重要！
2 直線 $y=m_1x+n_1$，$y=m_2x+n_2$ について
2 直線が垂直　$\Longleftrightarrow$　$m_1m_2=-1$

$\triangle$OAB$\equiv\triangle$COD が成り立つから
$\angle$AOB$+\angle$COD$=\angle$AOB$+\angle$OAB
$=90°$

例題

次のような直線の方程式を求めなさい。
(1)　点 (1，4) を通り，直線 $y=2x+3$ に平行な直線
(2)　点 (−2，5) を通り，直線 $y=\frac{1}{3}x+1$ に垂直な直線

解答　(1)　直線 $y=2x+3$ の傾きは 2 であるから，求める直線の傾きも 2 である。　← 1
よって，方程式は　$y-4=2(x-1)$　← 2
すなわち　$y=2x+2$

(2)　直線 $y=\frac{1}{3}x+1$ の傾きは $\frac{1}{3}$ であるから，求める直線の傾きは −3 である。　← 1
よって，方程式は　$y-5=-3\{x-(-2)\}$　← 2
すなわち　$y=-3x-1$

考えかた

1　与えられた直線の傾きから，求める直線の傾きを求める。

2　1 で求めた傾き m と通る 1 点 $(x_1,\ y_1)$ を $y-y_1=m(x-x_1)$ に代入。

練　習　問　題

1 次の空らんをうめなさい。

(1) 右の直線のうち，

①と ^{ア}□ は平行であり，

②と ^{イ}□ は平行である。

(2) 右の直線のうち，

①と ^{ア}□ は垂直であり，

②と ^{イ}□ は垂直である。

① $y=2x-1$

② $y=-2x+4$

③ $x+2y-1=0$

④ $-2x+y-2=0$

⑤ $2x+y-5=0$

⑥ $2x-4y+3=0$

直線③～⑥は，まず $y=(x$の式$)$ に変形して考える。

2 次のような直線の方程式を求めなさい。

(1) 点 $(-1,\ 2)$ を通り，直線 $y=3x-5$ に平行な直線

(2) 点 $(2,\ -4)$ を通り，直線 $y=\dfrac{2}{3}x-1$ に垂直な直線

解答➡別冊 p. 8

22 点と直線の距離

1 点と直線の距離

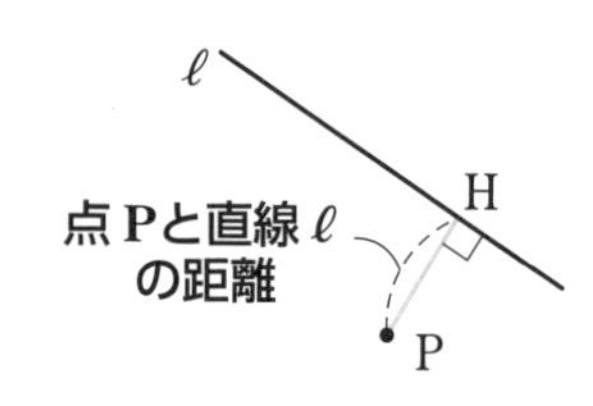

点Pから直線ℓに下ろした垂線とℓの交点をHとします。このとき，線分PHの長さを **点Pと直線ℓの距離** といいます。
座標平面上の原点と直線ℓの距離は，次のようにして求めることができます。

[1]　原点を通り，ℓに垂直な直線の方程式を求める。
[2]　[1] で求めた直線とℓの交点Hの座標を求める。
[3]　原点と点Hの距離を求める。

原点と直線の距離を求める計算は，次の公式にまとめられます。

原点と直線 $ax+by+c=0$ の距離は

$$\frac{|c|}{\sqrt{a^2+b^2}}$$

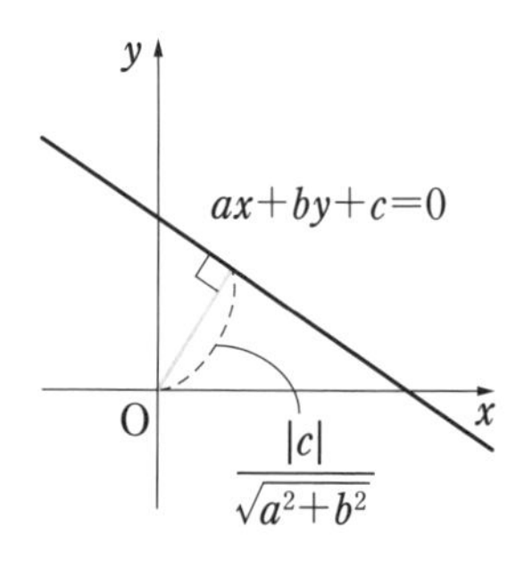

一般の点と直線の距離については，次のことが成り立ちます。

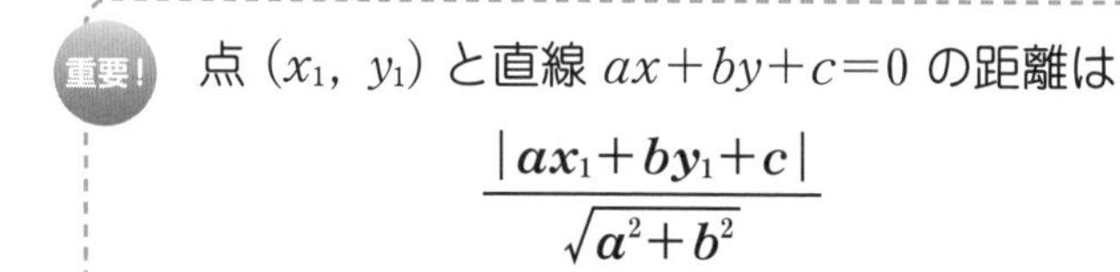

重要! 点 $(x_1,\ y_1)$ と直線 $ax+by+c=0$ の距離は

$$\frac{|ax_1+by_1+c|}{\sqrt{a^2+b^2}}$$

例題

次の点と直線の距離を求めなさい。

(1)　原点と直線 $4x+3y-2=0$ の距離
(2)　点 $(-2,\ 4)$ と直線 $2x-y+3=0$ の距離

解答

(1)　$\dfrac{|-2|}{\sqrt{4^2+3^2}}=\dfrac{2}{\sqrt{25}}=\dfrac{2}{5}$

(2)　$\dfrac{|2\cdot(-2)-1\cdot4+3|}{\sqrt{2^2+(-1)^2}}=\dfrac{5}{\sqrt{5}}=\sqrt{5}$

考えかた

[1] 公式に代入して計算する。

練　習　問　題

1　次の空らんをうめなさい。

(1)　原点と直線 $x+y-1=0$ の距離は

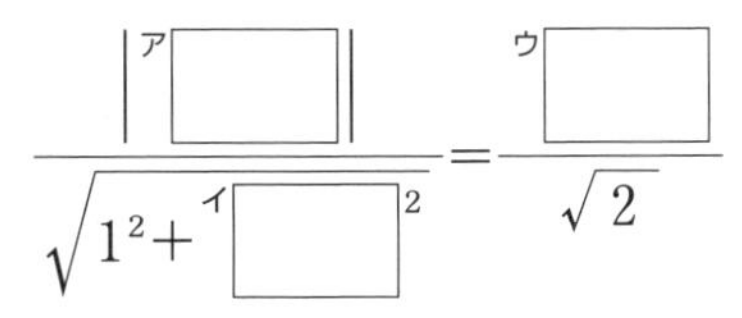

$$\frac{\left|{}^{ア}\boxed{}\right|}{\sqrt{1^2+{}^{イ}\boxed{}^2}}=\frac{{}^{ウ}\boxed{}}{\sqrt{2}}$$

(2)　点 $(6,\ 2)$ と直線 $3x-4y+5=0$ の距離は

$$\frac{\left|3\cdot{}^{ア}\boxed{}-4\cdot{}^{イ}\boxed{}+5\right|}{\sqrt{{}^{ウ}\boxed{}^2+(-4)^2}}=\frac{{}^{エ}\boxed{}}{\sqrt{{}^{オ}\boxed{}}}={}^{カ}\boxed{}$$

2　次の点と直線の距離を求めなさい。

(1)　原点と直線 $x+3y-10=0$ の距離

(2)　点 $(-2,\ -4)$ と直線 $3x+4y+2=0$ の距離

(3)　点 $(5,\ 4)$ と直線 $y=\dfrac{2}{3}x+5$ の距離

直線の方程式を，$ax+by+c=0$ の形に変形して考える。

解答➡別冊 p. 9

23 円の方程式

1 円の方程式

直線と同じように，座標平面上の円を表す式を 円の方程式 といいます。
中心がC，半径が r の円上の点をPとすると　　$CP=r$
このとき，$CP^2=r^2$ が成り立つことから，一般に，円の方程式は，次のようになります。

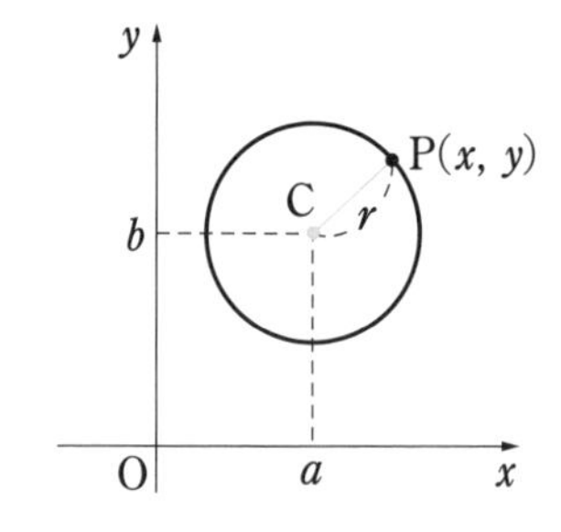

重要！
円の方程式
点 $(a,\ b)$ を中心とする半径 r の円の方程式は

$$(x-a)^2+(y-b)^2=r^2$$

特に，原点を中心とする半径 r の円の方程式は

$$x^2+y^2=r^2$$

例　点 $(1,\ -2)$ を中心とする半径3の円の方程式は
$(x-1)^2+\{y-(-2)\}^2=3^2$　すなわち　$(x-1)^2+(y+2)^2=9$

上の例の方程式 $(x-1)^2+(y+2)^2=9$ を変形して整理すると

$$x^2+y^2-2x+4y-4=0$$

一般に，円の方程式は，l，m，n を定数として，次の形に表されます。

$$x^2+y^2+lx+my+n=0$$

例題

2点 $A(1,\ 4)$，$B(-3,\ 2)$ を直径の両端とする円の方程式を求めなさい。

解答　求める円の中心を点C，半径を r とする。
点Cは線分ABの中点であるから，その座標は

$$\left(\frac{1+(-3)}{2},\ \frac{4+2}{2}\right)\quad すなわち\quad (-1,\ 3)$$ ←1

半径 r は線分CAの長さに等しいから

$$r=\sqrt{\{1-(-1)\}^2+(4-3)^2}=\sqrt{5}$$ ←2

よって，求める円の方程式は

$$\{x-(-1)\}^2+(y-3)^2=(\sqrt{5})^2$$ ←3

したがって　　$(x+1)^2+(y-3)^2=5$

考えかた

1 中心は直径の中点。

2 半径は中心と円周上の点との距離。

3 求める円の方程式は
$(x-a)^2+(y-b)^2=r^2$
中心 $(a,\ b)$　半径 r

練　習　問　題

1　次の空らんをうめなさい。

(1)　点 $(3,\ 1)$ を中心とする半径 2 の円の方程式は

$$\left(x-{}^{ア}\square\right)^2+\left(y-{}^{イ}\square\right)^2={}^{ウ}\square^2$$

よって　$\left(x-{}^{ア}\square\right)^2+\left(y-{}^{イ}\square\right)^2={}^{エ}\square$

(2)　方程式 $x^2+y^2-4x-2y-20=0$ を変形すると

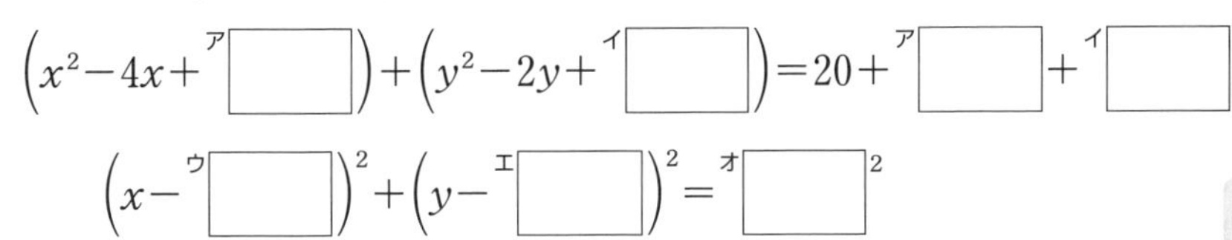

よって，方程式 $x^2+y^2-4x-2y-20=0$ は

中心が点 $\left({}^{ウ}\square,\ {}^{エ}\square\right)$，半径が ${}^{オ}\square$

の円を表す。

> **POINT**
>
> **$x^2+y^2+lx+my+n=0$ の表す図形**
>
> x^2+lx と y^2+my をそれぞれ平方完成する。

2　次のような円の方程式を求めなさい。

(1)　点 $(-3,\ 4)$ を中心とする半径 $\sqrt{6}$ の円

(2)　中心が点 $(-1,\ 2)$ で，原点を通る円

解答➡別冊 p. 9

24 円と直線の共有点

1 円と直線の共有点の座標

円と直線が共有点をもつとき，共有点の座標は，円の方程式と直線の方程式を組み合わせた連立方程式の解として求められます。

たとえば，円 $x^2+y^2=5$ と直線 $y=x+1$ の共有点の座標は，次のようにして求めることができます。

$$\begin{cases} x^2+y^2=5 & \cdots\cdots ① \\ y=x+1 & \cdots\cdots ② \end{cases}$$

② を ① に代入すると　$x^2+(x+1)^2=5$

整理すると　$x^2+x-2=0$

これを解くと　$x=1,\ -2$

② に代入して　$x=1$ のとき　$y=2$，　$x=-2$ のとき　$y=-1$

よって，共有点の座標は　$(1,\ 2)$，$(-2,\ -1)$

一般に，円の方程式と直線の方程式から y を消去すると，2 次方程式 $ax^2+bx+c=0$ が得られます。円と直線の共有点の個数は，その判別式 $D=b^2-4ac$ の符号によって，次のようにまとめることができます。

Dの符号	$D>0$	$D=0$	$D<0$
共有点の個数	2 個	1 個	0 個

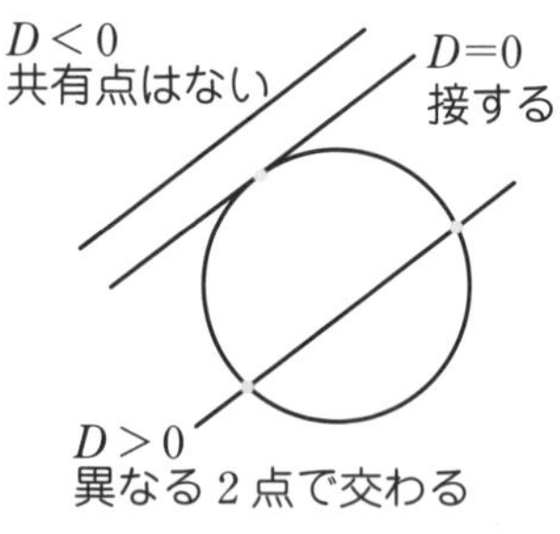

円と直線がただ 1 つの共有点をもつとき，直線は円に **接する** といいます。また，その共有点を **接点**，直線を円の **接線** といいます。

例題

円 $x^2+y^2=5$ と直線 $y=-2x+5$ の共有点の個数を答えなさい。

解答　円の方程式に直線の方程式を代入すると

$x^2+(-2x+5)^2=5$　← 1

整理すると　$x^2-4x+4=0$

判別式をDとすると

$D=(-4)^2-4\cdot1\cdot4=0$　← 2

よって，求める共有点の個数は　1 個

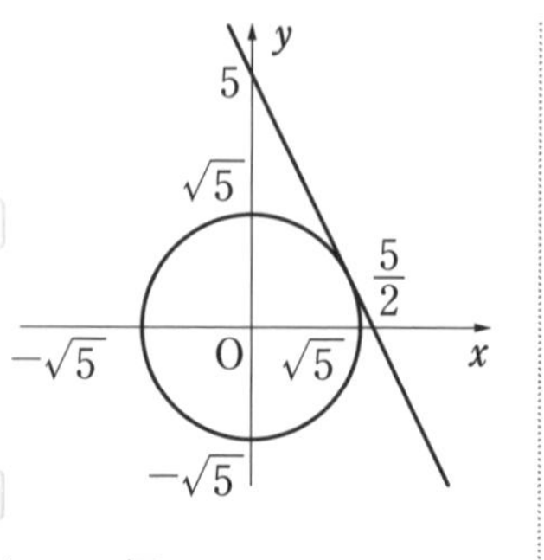

考えかた

1 円の方程式に直線の方程式を代入する。

2 1 で得られた 2 次方程式の判別式の符号を求める。

練　習　問　題

1　次の空らんをうめて，円 $x^2+y^2=4$ と直線 $y=x-2$ の共有点の座標を求めなさい。

円の方程式に直線の方程式を代入すると

$$x^2+\left(^{ア}\boxed{}\right)^2=4$$

整理すると　　$x^2-{}^{イ}\boxed{}\,x=0$

これを解くと　　$x=0,\ {}^{ウ}\boxed{}$

$x=0$ のとき　$y=-2$，　$x={}^{ウ}\boxed{}$ のとき　$y={}^{エ}\boxed{}$

よって，共有点の座標は　　$(0,\ -2)$，$\left(^{ウ}\boxed{},\ {}^{エ}\boxed{}\right)$

2　次の問いに答えなさい。

(1)　円 $x^2+y^2=25$ と直線 $y=x+1$ の共有点の座標を求めなさい。

(2)　円 $x^2+y^2=9$ と直線 $y=-x+5$ の共有点の個数を答えなさい。

解答➡別冊 p. 9

25 円の接線の方程式

1 円の接線の方程式

円 $x^2+y^2=r^2$ 上の点 $\mathrm{P}(x_1,\ y_1)$ における接線を ℓ とします。

このとき，ℓ と直線 OP は垂直で

OP の傾きは $\dfrac{y_1}{x_1}$，ℓ の傾きは $-\dfrac{x_1}{y_1}$

よって，ℓ の方程式は $y-y_1=-\dfrac{x_1}{y_1}(x-x_1)$

整理すると $x_1x+y_1y={x_1}^2+{y_1}^2$

P は円 $x^2+y^2=r^2$ 上の点であるから

$${x_1}^2+{y_1}^2=r^2$$

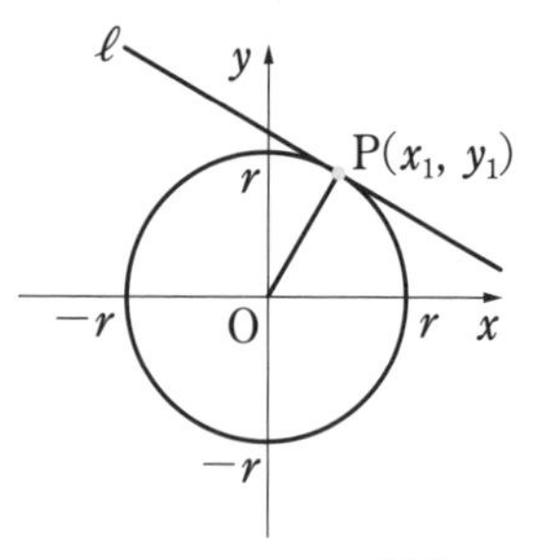

$x_1 \neq 0$，$y_1 \neq 0$ の場合

したがって，円の接線について，次のことが成り立ちます。

> 円 $x^2+y^2=r^2$ 上の点 $(x_1,\ y_1)$ における接線の方程式は
>
> $$\boldsymbol{x_1x+y_1y=r^2}$$

注　上のことは，点 P が座標軸上にある場合も成り立ちます。

例　円 $x^2+y^2=5$ 上の点 $(1,\ 2)$ における接線の方程式は

$1\cdot x+2\cdot y=5$　すなわち　$x+2y=5$

例題

点 $\mathrm{A}(3,\ 1)$ から円 $x^2+y^2=5$ に引いた接線の方程式を求めなさい。

解答　接点を $\mathrm{P}(a,\ b)$ とすると

$a^2+b^2=5$ …… ①　← 1

P における接線の方程式は

$ax+by=5$ …… ②　← 2

この直線が点 $\mathrm{A}(3,\ 1)$ を通るから

$3a+b=5$ …… ③　← 3

①，③ を連立させて解くと

$a=1,\ b=2$　または　$a=2,\ b=-1$　← 4

よって，② から，接線の方程式は

$x+2y=5$，$2x-y=5$

考えかた

1 接点の座標を $(a,\ b)$ とおき，円の方程式に代入。

2 点 $(a,\ b)$ における接線の方程式を作る。

3 通る点の条件から，a，b の関係式を作る。

4 1 と 3 でできた式を連立して解き，a，b の値を求める。

練　習　問　題

1　次の空らんをうめなさい。

(1)　円 $x^2+y^2=10$ 上の点 $(1,\ 3)$ における接線の方程式は

$$x+{}^{ア}\square\, y={}^{イ}\square$$

(2)　円 $x^2+y^2=20$ 上の点 $(-2,\ 4)$ における接線の方程式は

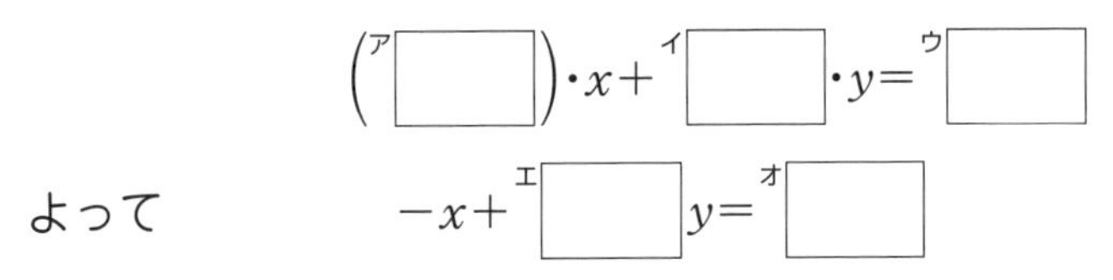

(3)　円 $x^2+y^2=4$ 上の点 $(\sqrt{2},\ \sqrt{2})$ における接線の方程式は

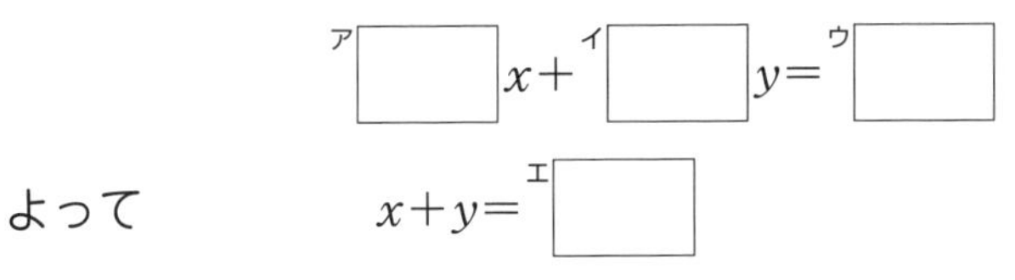

2　点 $\mathrm{P}(2,\ 1)$ から円 $x^2+y^2=4$ に引いた接線の方程式と接点の座標を求めなさい。

解答➡別冊 p. 9

26 軌跡

1 軌跡

平面上で，点Cに対して点Pが条件 $CP=r$ を満たしながら動くとき，Pの描く図形は，点Cを中心とする半径 r の円です。
一般に，ある条件を満たしながら動く点が描く図形を，その条件を満たす点の 軌跡 といいます。

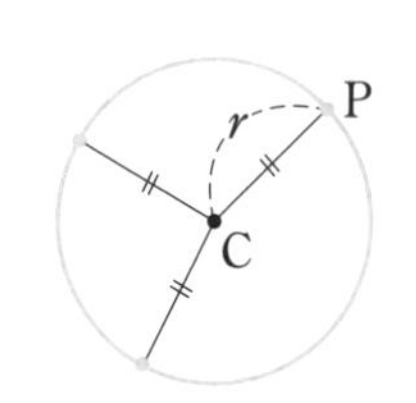

座標を用いて点Pの軌跡を求める手順は，次のようになります。

1. 条件を満たす点Pの座標を (x, y) として，与えられた条件を x，y の方程式で表し，その方程式が表す図形を調べる。
2. 1 で求めた図形上のすべての点Pが，与えられた条件を満たすことを確かめる。

例題

2点 $A(1, 3)$，$B(5, 1)$ から等距離にある点Pの軌跡を求めなさい。

解答　点Pの座標を (x, y) とする。 ← 1

$AP=BP$ より，$AP^2=BP^2$ が成り立つから

$$(x-1)^2+(y-3)^2=(x-5)^2+(y-1)^2$$ ← 2

整理すると　$y=2x-4$ ← 3

よって，点Pは直線 $y=2x-4$ 上にある。
逆に，この直線上のすべての点Pは，$AP=BP$ を満たし，2点A，Bから等しい距離にある。 ← 4

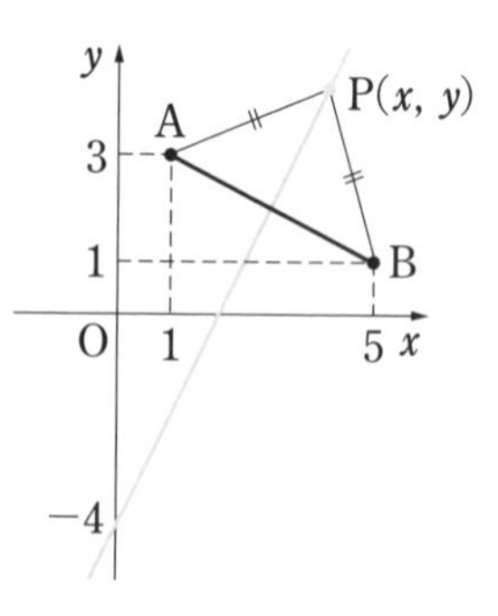

したがって，求める軌跡は
直線 $y=2x-4$

考えかた

1 点Pの座標を (x, y) とする。

2 条件から，x，y の関係式を導く。
$AP=BP \rightarrow AP^2=BP^2$
(→p. 42 例題)

3 2 の関係式を整理して得られる方程式の表す図形を求める。

4 逆を確認する。

補足　例題で求めた点Pの軌跡は，線分ABの垂直二等分線になります。

練　習　問　題

1　次の空らんをうめなさい。

2点 A$(-2,\ 0)$, B$(2,\ 0)$ に対して，条件 $AP^2+BP^2=16$ を満たす点Pの座標を $(x,\ y)$ とする。

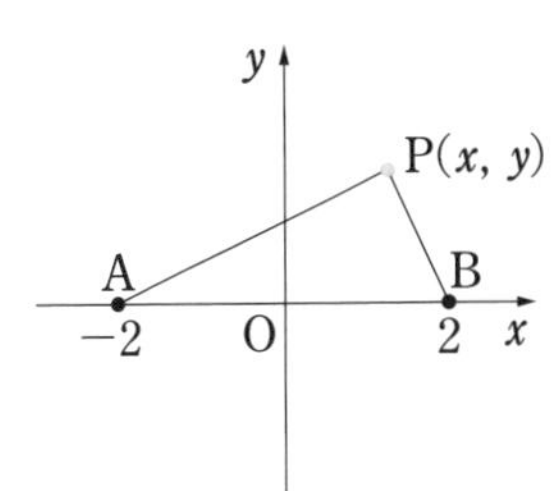

このとき，条件

$$AP^2+BP^2=16 \quad \cdots\cdots ①$$

から

$$\left(x+{}^{ア}\boxed{}\right)^2+y^2+\left(x-{}^{イ}\boxed{}\right)^2+y^2=16$$

整理すると　$x^2+y^2={}^{ウ}\boxed{}$　$\cdots\cdots$ ②

よって，点Pは円 ② 上にある。

逆に，円 ② 上のすべての点Pは，条件 ① を満たす。

したがって，上の条件を満たす点Pの軌跡は，中心が ${}^{エ}\boxed{}$，半径が ${}^{オ}\boxed{}$ の円である。

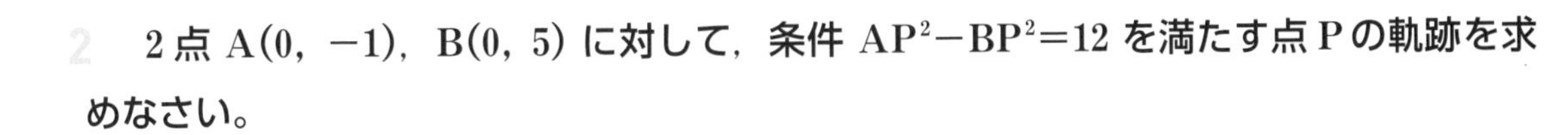

2　2点 A$(0,\ -1)$, B$(0,\ 5)$ に対して，条件 $AP^2-BP^2=12$ を満たす点Pの軌跡を求めなさい。

解答➡別冊 p. 10

27 不等式の表す領域

1 直線を境界線とする領域

一般に，座標平面上で，x，y の不等式を満たす点 (x, y) 全体の集合を，その不等式の表す 領域 といいます。

直線で分けられる領域について，次のことが成り立ちます。

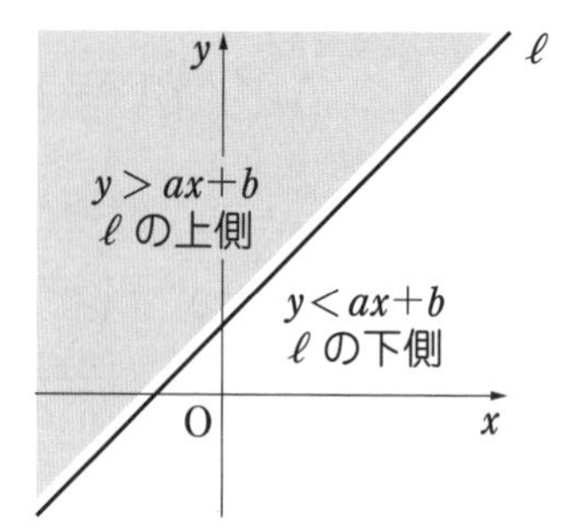

直線 $y=mx+n$ を ℓ とすると

$\boldsymbol{y>mx+n}$ の表す領域は　**直線 ℓ の上側**

$\boldsymbol{y<mx+n}$ の表す領域は　**直線 ℓ の下側**

2 円を境界線とする領域

円を境界線とする領域については，次のことが成り立ちます。

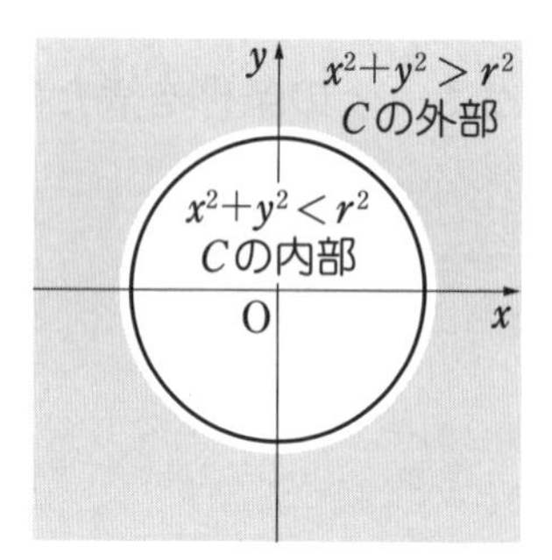

円 $x^2+y^2=r^2$ を C とすると

$\boldsymbol{x^2+y^2<r^2}$ の表す領域は　**円 C の内部**

$\boldsymbol{x^2+y^2>r^2}$ の表す領域は　**円 C の外部**

原点以外を中心とする円についても，同様に考えられます。

例題

次の不等式の表す領域を図示しなさい。

(1)　$y>-x-2$　　　　(2)　$x^2+y^2 \leqq 4$

解答　(1)　直線 $y=-x-2$ の上側で，下の図の斜線部分。
ただし，境界線を含まない。

(2)　円 $x^2+y^2=4$ の周と内部で，下の図の斜線部分。
ただし，境界線を含む。

(1)
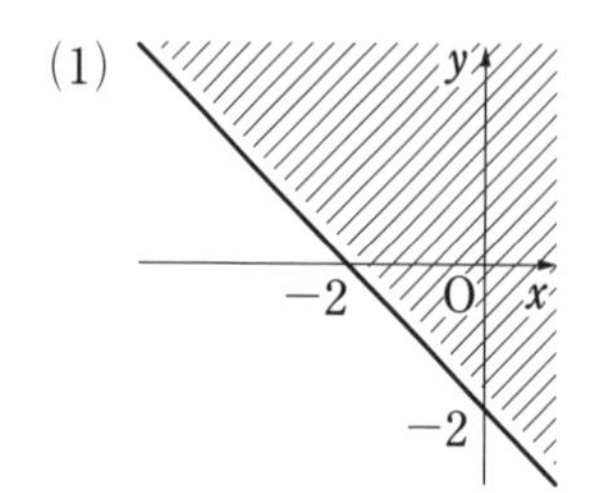

(2)
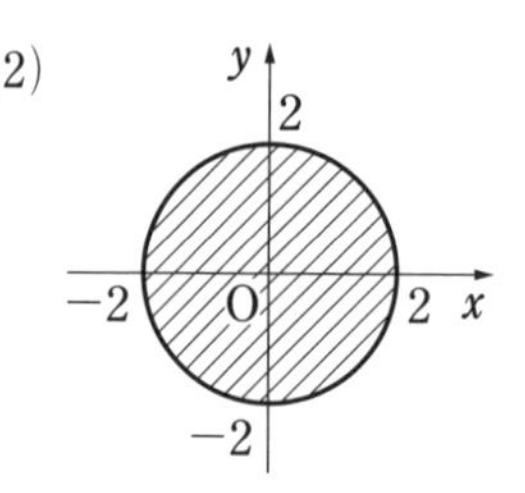

考えかた

1 境界線をかいた後は，どの部分が不等式を満たすか調べる。

2 不等式の表す領域部分に斜線を入れる。

3 境界線を含むかどうかをかく。

練　習　問　題

1　**次の空らんをうめなさい。**

(1)　不等式 $y<\frac{1}{2}x+1$ の表す領域は，直線 $y=\frac{1}{2}x+1$ の ア[　　] 側である。

(2)　不等式 $x^2+y^2\geqq 9$ の表す領域は，円 $x^2+y^2=9$ の ア[　　] と イ[　　] 部である。

2　**次の不等式の表す領域を図示しなさい。**

(1)　$y>x-3$

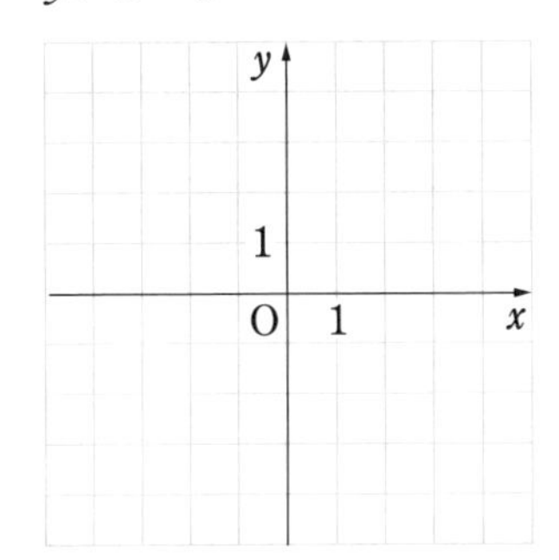

(2)　$x-2y+4\geqq 0$

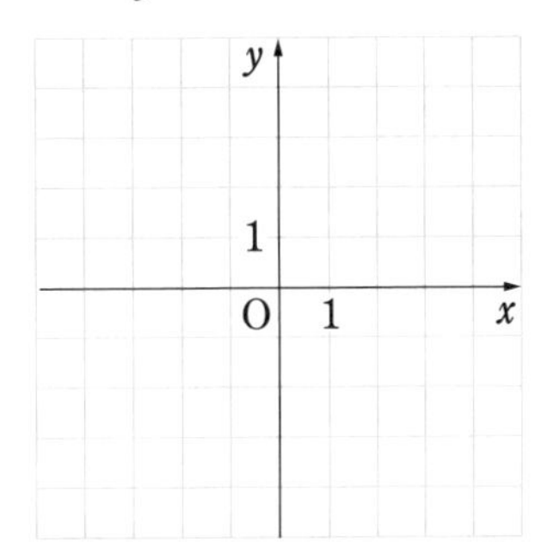

(3)　$x^2+y^2<16$

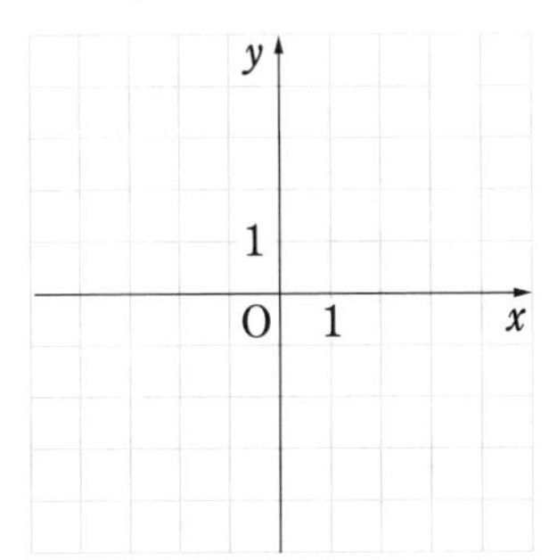

(4)　$(x-1)^2+(y-2)^2\geqq 4$

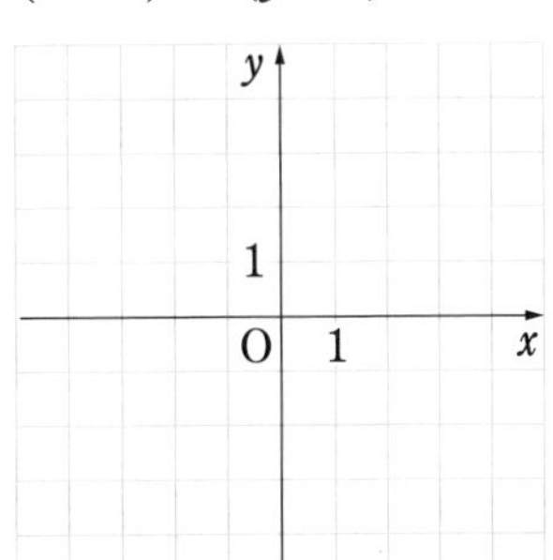

解答➡別冊 p. 10

28 連立不等式の表す領域

1 連立不等式の表す領域

連立不等式の表す領域は，各不等式の表す領域の共通部分になります。

たとえば，不等式 $y<x+1$ の表す領域は，直線 $y=x+1$ の下側

不等式 $y>-x+3$ の表す領域は，直線 $y=-x+3$ の上側

で，それぞれの表す領域は下の図 [1]，[2] の斜線部分（境界線を含まない）になります。

連立不等式 $\begin{cases} y<x+1 \\ y>-x+3 \end{cases}$ の表す領域は，これらの共通部分で，図 [3] の斜線が重なった部分（境界線を含まない）になります。

[1]

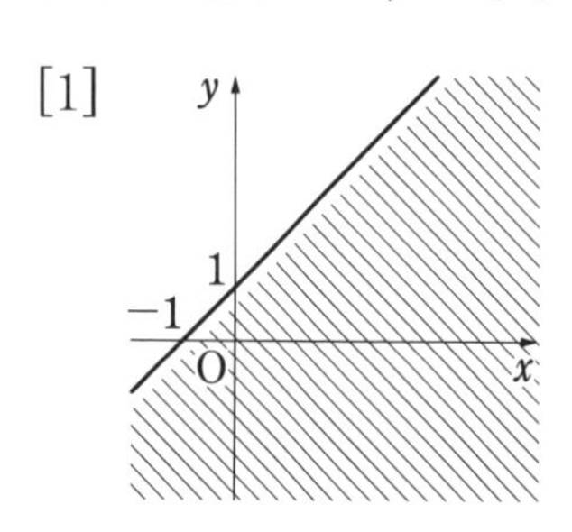

[2]

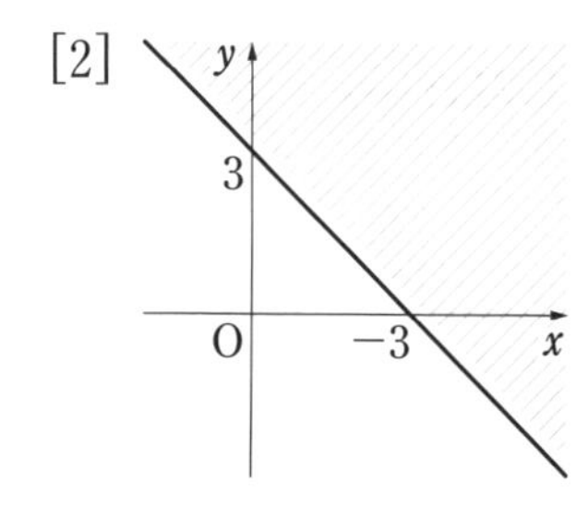

[3]

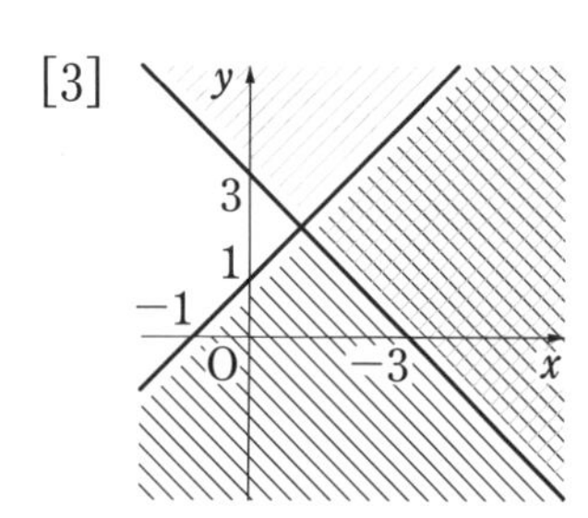

例題

次の連立不等式の表す領域を図示しなさい。

$$\begin{cases} y \geqq \dfrac{1}{2}x+1 \\ x^2+y^2 \leqq 4 \end{cases}$$

解答 不等式 $y \geqq \dfrac{1}{2}x+1$ の表す領域は

直線 $y=\dfrac{1}{2}x+1$ とその上側 ← 1

不等式 $x^2+y^2 \leqq 4$ の表す領域は

円 $x^2+y^2=4$ の周と内部 ← 1

である。

よって，求める領域はこの 2 つの共通部分で，上の図の斜線部分。ただし，境界線を含む。 ← 3

2

考えかた

1 それぞれの不等式の表す領域を求める。

2 1 で求めた 2 つの領域の共通部分を図示する。

3 境界線を含むかどうかをかく。

練　習　問　題

1　**連立不等式 $\begin{cases} y<-x-1 \\ y>2x-4 \end{cases}$ の表す領域について，次の空らんをうめなさい。**

また，図に，その領域をかき入れなさい。

不等式 $y<-x-1$ の表す領域は

　　直線 $y=-x-1$ の ア□ 側

不等式 $y>2x-4$ の表す領域は

　　直線 $y=2x-4$ の イ□ 側

である。

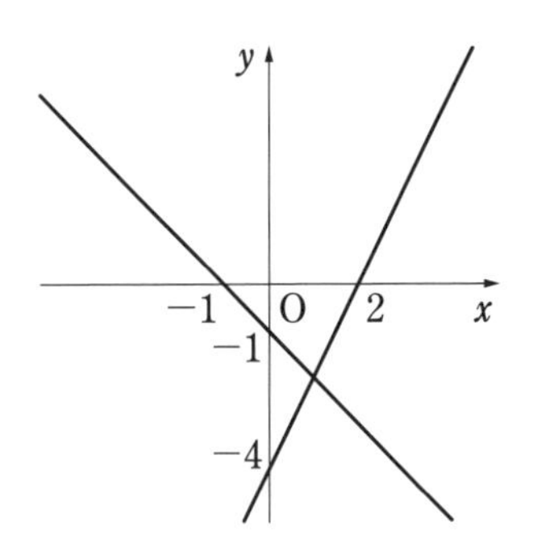

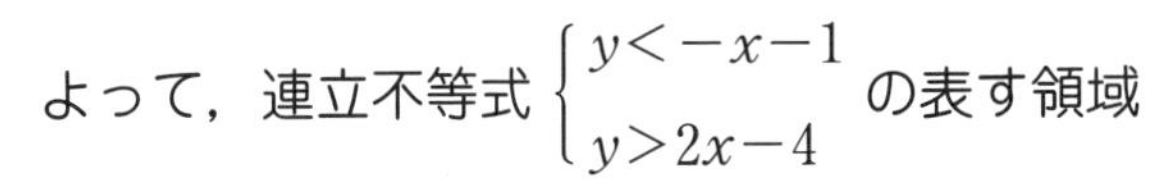

よって，連立不等式 $\begin{cases} y<-x-1 \\ y>2x-4 \end{cases}$ の表す領域

は，右の図の斜線部分である。

ただし，境界線を含まない。

2　**次の連立不等式の表す領域を図示しなさい。**

(1)　$\begin{cases} y \geqq 3x-3 \\ y \geqq -\dfrac{1}{2}x+4 \end{cases}$

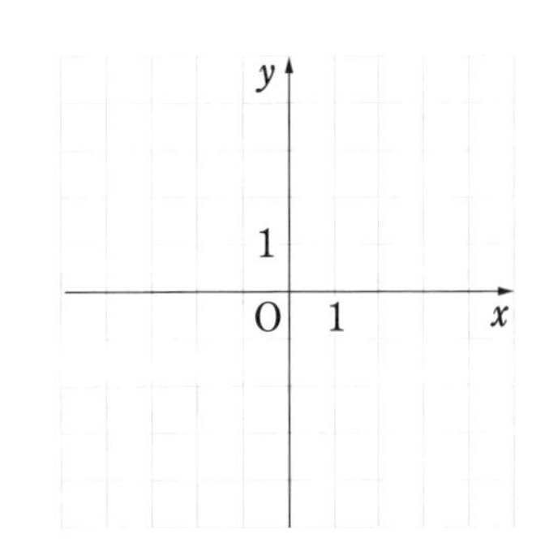

(2)　$\begin{cases} y<-x+2 \\ x^2+y^2>9 \end{cases}$

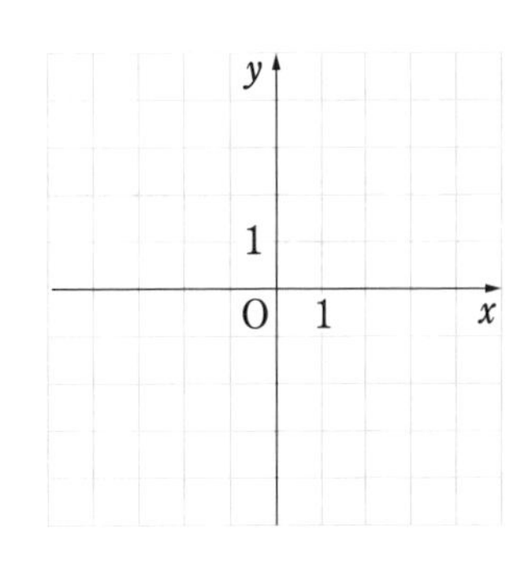

解答➡別冊 p. 10

確認テスト

1

4 点 A$(-4,\ -1)$，B$(-1,\ -2)$，C$(6,\ 5)$，D を頂点とする四角形 ABCD が平行四辺形であるとき，次の問いに答えなさい。

(1)　対角線 AC の中点の座標を求めなさい。

(2)　頂点 D の座標を求めなさい。

2

2 直線 $2x+y-4=0$，$x+2y+1=0$ の交点を通り，直線 $x-3y=0$ に平行な直線の方程式を求めなさい。

3

方程式 $x^2+y^2-4x+6y-3=0$ は円を表します。

(1)　中心の座標と半径を求めなさい。

(2)　円 $x^2+y^2-4x+6y-3=0$ と中心が同じで，y 軸に接する円の方程式を求めなさい。

4 直線 $y=2x+k$ が円 $(x+1)^2+y^2=1$ に接するように，定数kの値を定めなさい。

5 原点Oと点 A(3, 0) からの距離の比が 2：1 である点Pの軌跡を求めなさい。

6 右の図は，2つの円を表したものである。斜線をつけた部分は，どのような連立不等式で表されるか答えなさい。ただし，境界線を含まないものとする。

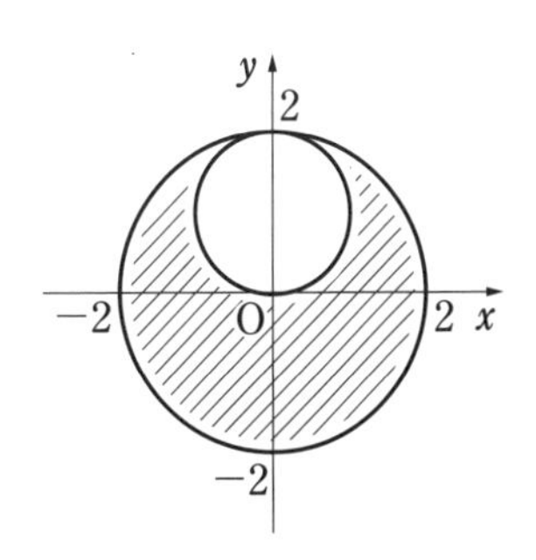

解答➡別冊 p. 11

29 一般角

1 一般角

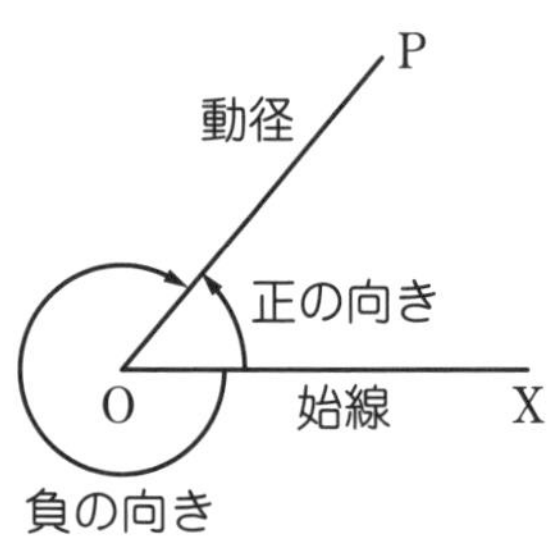

平面上で，点Oを中心として半直線 OP を回転させるとき，この半直線 OP を 動径（どうけい） といい，直線 OX を 始線（しせん） といいます。
回転には 2 つの向きがあり，

　時計の針の回転と逆の向きを 正の向き
　時計の針の回転と同じ向きを 負の向き　といいます。

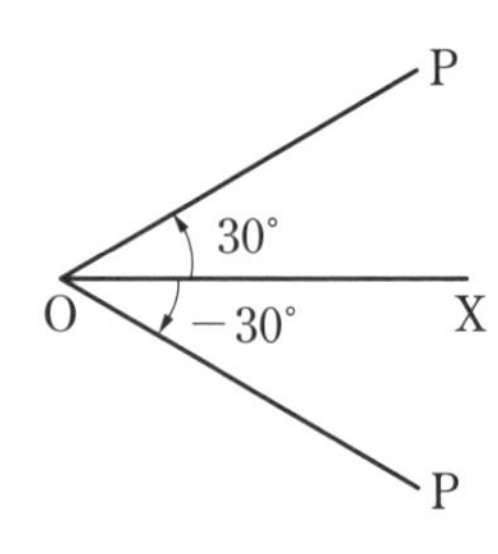

正の向きの角は，これまでと同じように 30° などと表し，
負の向きの角は，マイナスの符号をつけて −30° などと表します。
角を回転の大きさと考えると，360° より大きい角や 0° より小さい角も考えることができます。
このように考えた角を 一般角 といいます。
一般角 θ に対して，始線 OX から角 θ だけ回転した位置にある動径 OP を θの動径 といいます。

2 動径の表す角

たとえば，次の角の動径は，すべて同じ位置にあります。

30°	390°	−330°
	↑ 30°＋360°	↑ 30°＋360°×(−1)

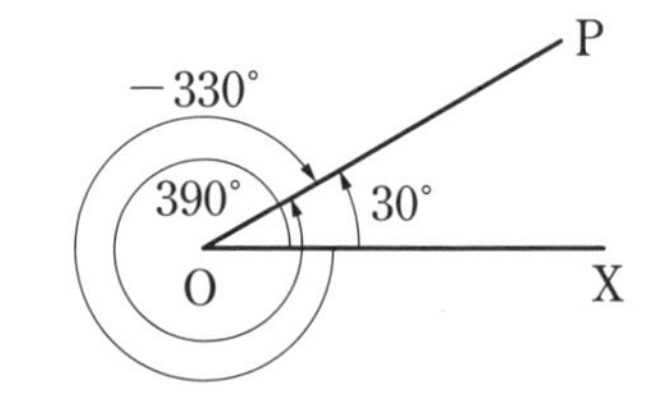

一般に，動径 OP と始線 OX のなす角の 1 つを α とすると，
動径 OP の表す角 θ は，次の形に表されます。

$$\boldsymbol{\theta=\alpha+360^\circ\times n}$$　ただし，n は整数

例題

420° の動径 OP を図示しなさい。また，第何象限の角か答えなさい。

解答

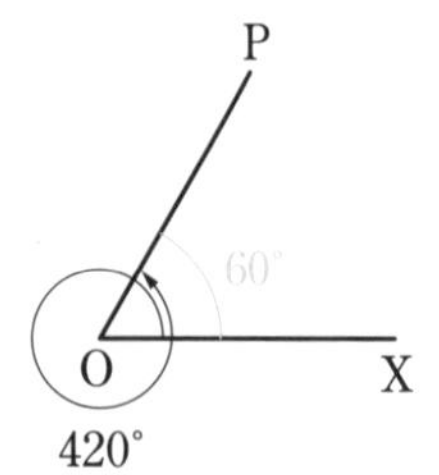

第 1 象限の角

考えかた

1 回転の向きと何回転するかを考える。
420°＝60°＋360°
2 動径 OP がどの象限 (→ p. 42) にあるか調べる。

練習問題

1 **座標平面は，右の図のように4つの象限に分けられます。座標平面において，x 軸の正の部分を始線と考えるとき，次の空らんをうめなさい。**

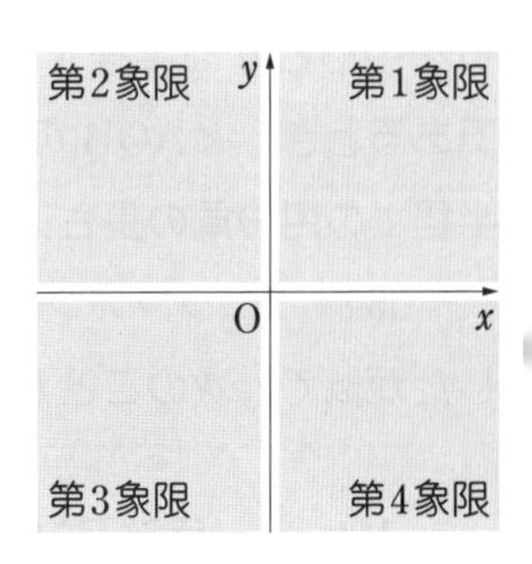

(1) 110° の動径は，第 ア□ 象限にある。

(2) −70° の動径は，第 ア□ 象限にある。

(3) 380° の動径は，第 ア□ 象限にある。

(4) −130° の動径は，第 ア□ 象限にある。

2 **次の問いに答えなさい。**

(1) 次の角の動径 OP を図示しなさい。

(ア) 405°

O　　　　X

(イ) −300°

(2) 次の角の動径のうち，40° の動径と同じ位置にあるものをすべて答えなさい。

−40°，320°，−320°，400°，−400°

解答➡別冊 p. 12

30 弧度法

1 弧度法

Oを中心とする半径1の円において，弧ABの長さが1であるとき，∠AOBの大きさを 1ラジアン と定めます。

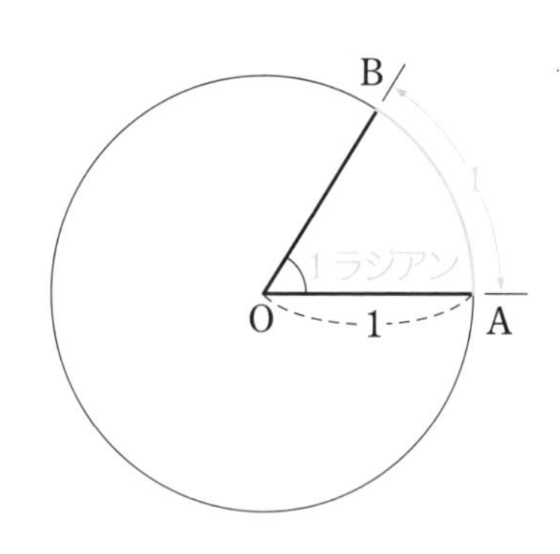

半径1の円の周の長さは 2π であるから

$360^\circ=2\pi$ ラジアン　　$180^\circ=\pi$ ラジアン

したがって，次のことが成り立ちます。

$$\mathbf{1^\circ=\frac{\pi}{180}}\ \textbf{ラジアン},\quad \mathbf{1}\ \textbf{ラジアン}=\left(\frac{180}{\pi}\right)^\circ\fallingdotseq 57.3^\circ$$

例　(1)　$60^\circ=\frac{\pi}{180}\times60=\frac{\pi}{3}$　　(2)　$\frac{\pi}{4}=\pi\times\frac{1}{4}=180^\circ\times\frac{1}{4}=45^\circ$

1ラジアンを単位とする角の表し方を 弧度法 といい，これまでのような 1° を単位とする角の表し方を 度数法 といいます。弧度法では，ふつう，単位のラジアンを省略します。

2 扇形の弧の長さと面積

半径が r の円の周の長さは $2\pi r$，面積は πr^2 です。

扇形の弧の長さと面積は，それぞれ中心角の大きさに比例します。

よって，半径が r，中心角が θ である扇形の弧の長さ l と面積 S は次のようになります。

半径 r，中心角 θ の扇形の弧の長さ l と面積 S は

$$\boldsymbol{l=2\pi r\times\frac{\theta}{2\pi}=r\theta}$$

$$\boldsymbol{S=\pi r^2\times\frac{\theta}{2\pi}=\frac{1}{2}r^2\theta=\frac{1}{2}rl}$$

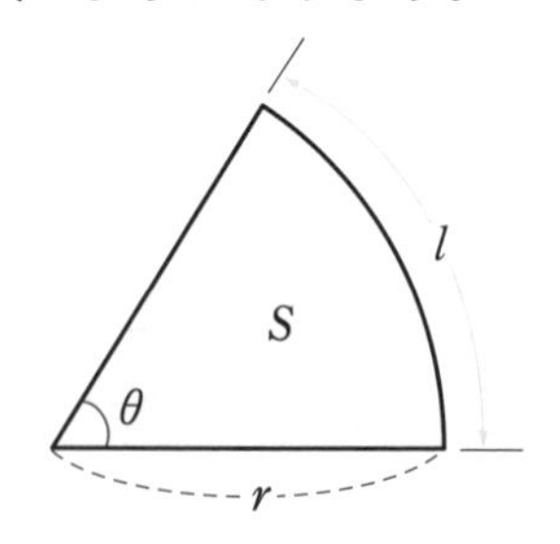

例題

半径が6，中心角が $\frac{\pi}{3}$ である扇形の弧の長さ l と面積 S を求めなさい。

解答　$l=6\times\frac{\pi}{3}=2\pi$，$S=\frac{1}{2}\times6^2\times\frac{\pi}{3}=6\pi$

$\left(S=\frac{1}{2}\times6\times2\pi=6\pi\right.$ としてもよい$\left.\right)$

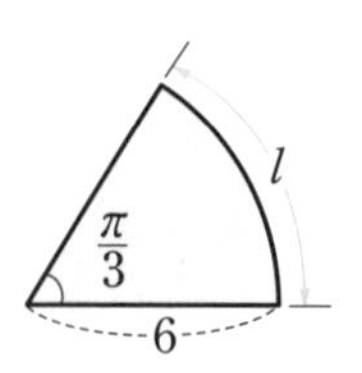

考えかた

1 半径 r，中心角 θ の扇形の弧の長さ l と面積 S は

$l=r\theta$，$S=\frac{1}{2}r^2\theta=\frac{1}{2}rl$

練習問題

1 次の図は，いろいろな角について，ラジアンと度の対応をまとめたものである。図の空らんをうめなさい。

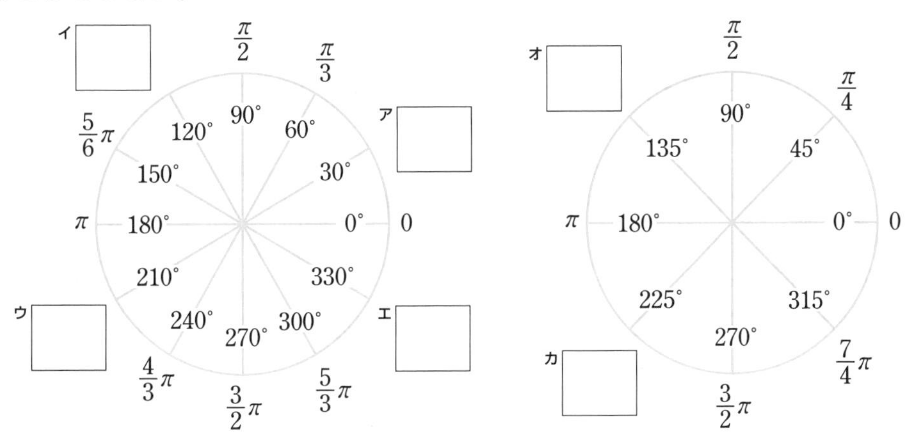

2 次の問いに答えなさい。

(1) 次の角のうち，(ア)，(イ) は弧度法で，(ウ)，(エ) は度数法で表しなさい。

(ア) 75°

(イ) 540°

(ウ) $\frac{\pi}{8}$

(エ) -2π

(2) 半径が 10，中心角が $\frac{3}{5}\pi$ である扇形の弧の長さ l と面積 S を求めなさい。

解答➡別冊 p. 12

31 三角関数

1 三角関数

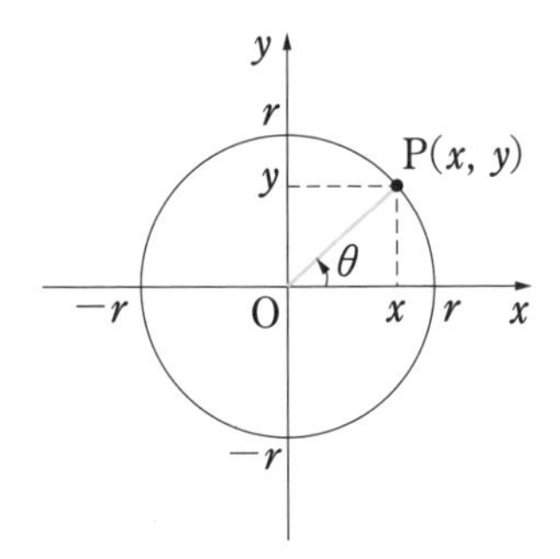

座標平面上で，x 軸の正の部分を始線として，角 θ の動径と原点Oを中心とする半径 r の円の交点Pの座標を $(x,\ y)$ とします。

このとき，$\dfrac{y}{r}$，$\dfrac{x}{r}$，$\dfrac{y}{x}$ の値は，円の半径 r には関係なく，角 θ だけで決まります。

そこで，三角比の場合と同様に，$\sin\theta$，$\cos\theta$，$\tan\theta$ を

$$\sin\theta=\frac{y}{r},\quad \cos\theta=\frac{x}{r},\quad \tan\theta=\frac{y}{x}$$

と定め，それぞれ，一般角 θ の 正弦，余弦，正接 といいます。

$\sin\theta$，$\cos\theta$，$\tan\theta$ をまとめて，一般角 θ の 三角関数 といいます。

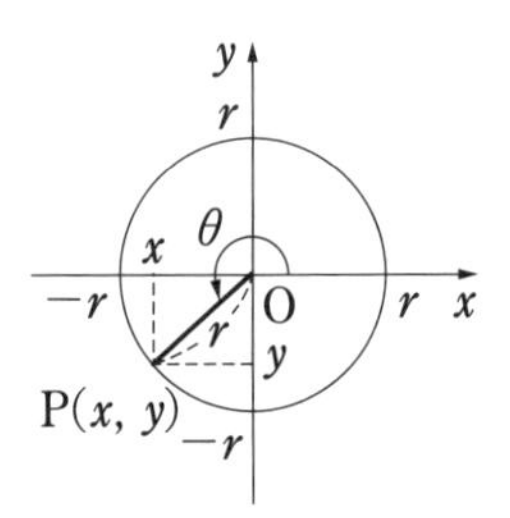

一般角 θ の三角関数

$$\sin\theta=\frac{y}{r},\quad \cos\theta=\frac{x}{r},\quad \tan\theta=\frac{y}{x}$$

例題

$\theta=\dfrac{5}{3}\pi$ について，$\sin\theta$，$\cos\theta$，$\tan\theta$ の値を求めなさい。

解答　右の図のように，$\dfrac{5}{3}\pi$ の動径と半径2の円の交点をPとすると，点Pの座標は

$$(1,\ -\sqrt{3})$$ ← 3

よって

$$\sin\frac{5}{3}\pi=\frac{-\sqrt{3}}{2}=-\frac{\sqrt{3}}{2}$$

$$\cos\frac{5}{3}\pi=\frac{1}{2}$$

$$\tan\frac{5}{3}\pi=\frac{-\sqrt{3}}{1}=-\sqrt{3}$$ 4

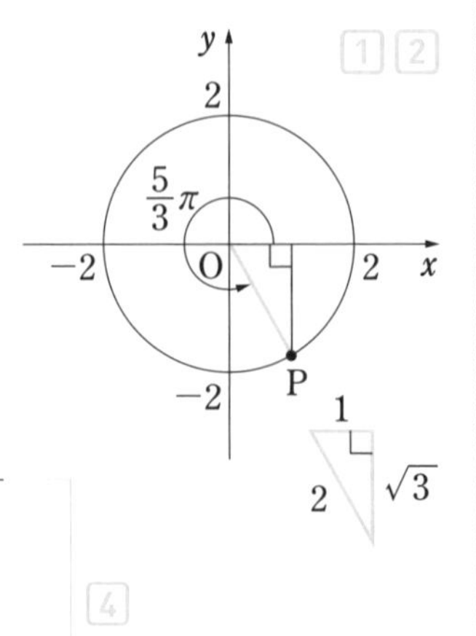

考えかた

1 角 θ の動径OPを図示し，半径 $\mathrm{OP}=r$ の円をかく。

2 円の半径 r を，点Pの座標が求めやすいように $r=2$ に設定する。

3 点Pの座標を求める。

4 半径 r，点Pの x 座標，y 座標の値を定義の式に代入。

練習問題

1　次の空らんをうめなさい。

図のように，$-\frac{5}{4}\pi$ の動径と半径 $\sqrt{2}$ の円の交点をPとすると，点Pの座標は

$(-1,\ 1)$

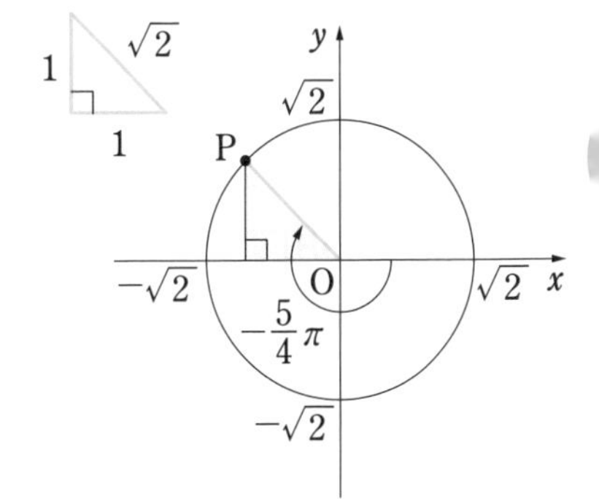

よって　$\sin\left(-\frac{5}{4}\pi\right)=\frac{\text{ア}\boxed{}}{\sqrt{2}}$

$\cos\left(-\frac{5}{4}\pi\right)=\frac{\text{イ}\boxed{}}{\sqrt{2}}=\text{ウ}\boxed{}$

$\tan\left(-\frac{5}{4}\pi\right)=\frac{\text{エ}\boxed{}}{\text{オ}\boxed{}}=\text{カ}\boxed{}$

2　次の角 θ について，$\sin\theta$，$\cos\theta$，$\tan\theta$ の値を求めなさい。

(1)　$\theta=\frac{7}{4}\pi$

(2)　$\theta=-\frac{5}{6}\pi$

解答➡別冊 p. 12

32 三角関数の相互関係

1 三角関数の相互関係

原点を中心とする半径1の円を 単位円 といいます。
右の図の単位円において，角 θ の動径と単位円の交点を $P(x,\ y)$ とすると

$$\sin\theta=\frac{y}{1}=y,\quad \cos\theta=\frac{x}{1}=x$$

このことを利用すると，三角関数についても，次の相互関係が成り立つことがわかります。

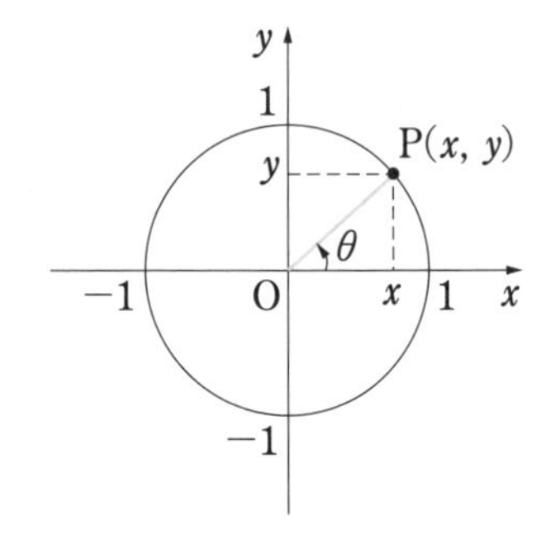

重要！ 三角関数の相互関係

1 $\tan\theta=\dfrac{\sin\theta}{\cos\theta}$ ← $\tan\theta=\dfrac{y}{x}=\dfrac{\sin\theta}{\cos\theta}$

2 $\sin^2\theta+\cos^2\theta=1$ ← Pは単位円上にあるから $x^2+y^2=1$

3 $1+\tan^2\theta=\dfrac{1}{\cos^2\theta}$ ← 2 の両辺を $\cos^2\theta$ で割る

例題

θ の動径が第4象限にあり，$\cos\theta=\dfrac{1}{3}$ のとき，$\sin\theta$，$\tan\theta$ の値を求めなさい。

解答

$$\sin^2\theta=1-\cos^2\theta=1-\left(\frac{1}{3}\right)^2=\frac{8}{9}$$

θ の動径が第4象限にあるとき　$\sin\theta<0$

よって　$\sin\theta=-\sqrt{\dfrac{8}{9}}=-\dfrac{2\sqrt{2}}{3}$

また　$\tan\theta=\dfrac{\sin\theta}{\cos\theta}=\left(-\dfrac{2\sqrt{2}}{3}\right)\div\dfrac{1}{3}=-2\sqrt{2}$

考えかた

1 三角関数の相互関係の公式 1～3 を利用して，他の2つの値を求める。
三角関数の値の符号に注意。

三角関数の値の符号は，角 θ の動径がある象限によって，右の図のようになります。

	第2象限	第1象限	第3象限	第4象限
$\sin\theta$	+	+	−	−
$\cos\theta$	−	+	−	+
$\tan\theta$	−	+	+	−

練　習　問　題

1 **次の空らんをうめなさい。**

θ の動径が第 3 象限にあり，$\tan\theta=2$ であるとする。

このとき，$1+\tan^2\theta=\dfrac{1}{\cos^2\theta}$ から　　$\dfrac{1}{\cos^2\theta}=$ ア $\square$

よって　　$\cos^2\theta=$ イ $\square$

θ の動径は第 3 象限にあるから　　$\cos\theta$ ウ $\square$ 0

したがって　　$\cos\theta=$ エ $\square$

また，$\dfrac{\sin\theta}{\cos\theta}=\tan\theta$ より，$\sin\theta=\cos\theta\tan\theta$ であるから

$\sin\theta=$ エ $\square$ $\times2=$ オ $\square$

2 **θ の動径が第 4 象限にあり，$\sin\theta=-\dfrac{3}{5}$ のとき，次の三角関数の値を求めなさい。**

(1)　$\cos\theta$

(2)　$\tan\theta$

解答➡別冊 p. 12

33 三角関数の性質

1 $\theta+2n\pi$ の三角関数

n が整数のとき，角 θ の動径と角 $\theta+2n\pi$ の動径は一致します。
したがって，$\theta+2n\pi$ の三角関数について，次のことが成り立ちます。

1
$$\begin{cases} \sin(\theta+2n\pi)=\sin\theta \\ \cos(\theta+2n\pi)=\cos\theta \\ \tan(\theta+2n\pi)=\tan\theta \end{cases}$$
ただし，n は整数

2 $-\theta$ の三角関数，$\theta+\pi$ の三角関数

右の図の単位円において，角 θ の動径 OP と角 $\theta+\pi$ の動径 OQ は，原点に関して対称です。
また，角 θ の動径 OP と角 $-\theta$ の動径 OR は，x 軸に関して対称です。
このとき，Pの座標を $(x,\ y)$ とすると
Q の座標は $(-x,\ -y)$　　R の座標は $(x,\ -y)$
したがって，次のことが成り立ちます。

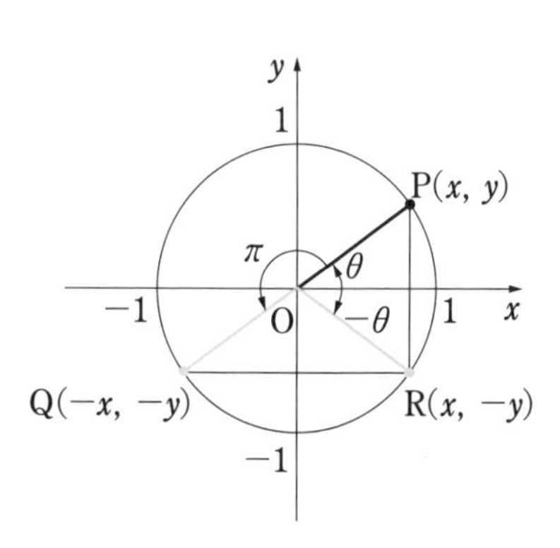

2
$$\begin{cases} \sin(\theta+\pi)=-\sin\theta \\ \cos(\theta+\pi)=-\cos\theta \\ \tan(\theta+\pi)=\tan\theta \end{cases}$$

3
$$\begin{cases} \sin(-\theta)=-\sin\theta \\ \cos(-\theta)=\cos\theta \\ \tan(-\theta)=-\tan\theta \end{cases}$$

例題

$\cos\left(-\dfrac{\pi}{4}\right)$，$\sin\dfrac{7}{6}\pi$，$\tan\dfrac{13}{6}\pi$ の値を求めなさい。

解答

$$\cos\left(-\frac{\pi}{4}\right)\overset{1}{=}\cos\frac{\pi}{4}=\frac{1}{\sqrt{2}}$$

$$\sin\frac{7}{6}\pi=\sin\left(\frac{\pi}{6}+\pi\right)\overset{2}{=}-\sin\frac{\pi}{6}=-\frac{1}{2}$$

$$\tan\frac{13}{6}\pi=\tan\left(\frac{\pi}{6}+2\pi\right)\overset{1}{=}\tan\frac{\pi}{6}=\frac{1}{\sqrt{3}}$$

考えかた

1 負の角は，$-\theta$ の三角関数の公式 3 を利用。
2π 以上の角は，$\theta+2n\pi$ の三角関数の公式 1 を利用。
2 $\theta+\pi$ の公式 2 を用いて第 1 象限の角の三角関数に直す。

練　習　問　題

1　次の空らんをうめなさい。

(1)　$\sin\frac{9}{2}\pi=\sin\left(^{ア}\boxed{}+2\pi\times2\right)=\sin{}^{ア}\boxed{}={}^{イ}\boxed{}$

(2)　$\cos\frac{5}{3}\pi=\cos\left(^{ア}\boxed{}+\pi\right)=-\cos{}^{ア}\boxed{}={}^{イ}\boxed{}$

(3)　$\tan\left(-\frac{3}{4}\pi\right)=-\tan{}^{ア}\boxed{}={}^{イ}\boxed{}$

2　次の三角関数の値を求めなさい。

(1)　$\sin\frac{11}{4}\pi$

(2)　$\cos\frac{11}{6}\pi$

(3)　$\tan\left(-\frac{8}{3}\pi\right)$

(4)　$\sin\left(-\frac{19}{3}\pi\right)$

解答➡別冊 p. 12

34 三角関数のグラフ

1 $y=\sin\theta$, $y=\cos\theta$ のグラフ

三角関数 $y=\sin\theta$，$y=\cos\theta$ のグラフは，次の図のようになります。

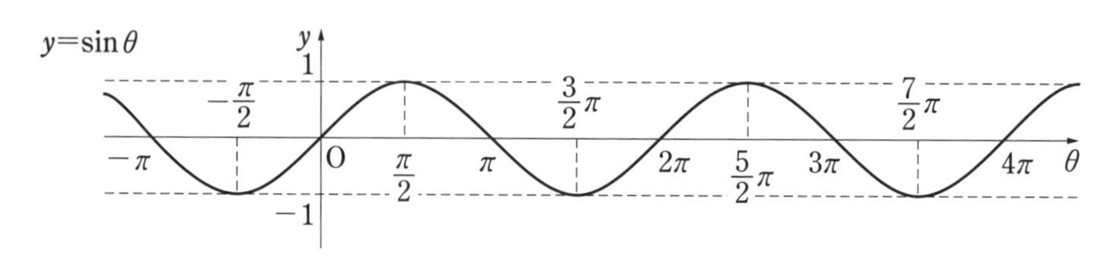

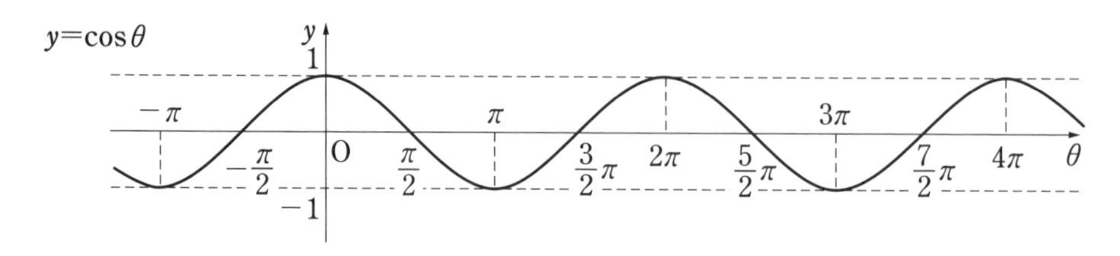

2つのグラフは，2π ごとに同じ形がくり返されます。この 2π を $y=\sin\theta$ や $y=\cos\theta$ の 周期 といいます。また，このような性質をもつ関数を 周期関数 といいます。

2 $y=\tan\theta$ のグラフ

三角関数 $y=\tan\theta$ のグラフは，右の図のようになります。

グラフは π ごとに同じ形がくり返されるので，$y=\tan\theta$ の周期は π です。

$\tan\theta$ は $\frac{\pi}{2}$ では定義されません。しかし，θ の値が $\frac{\pi}{2}$ に限りなく近づくと，$y=\tan\theta$ のグラフは直線 $\theta=\frac{\pi}{2}$ に限りなく近づきます。

このように，グラフが限りなく近づく直線を，そのグラフの 漸近線（ぜんきんせん） といいます。

直線 $\theta=\frac{\pi}{2}$ や直線 $\theta=-\frac{\pi}{2}$，$\theta=\frac{3}{2}\pi$ などは，関数 $y=\tan\theta$ のグラフの漸近線です。

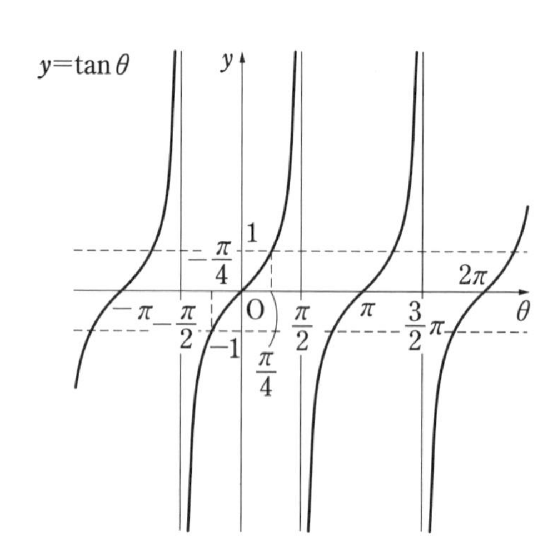

練 習 問 題

1 次の空らんをうめて，関数 $y=2\sin\theta$，$y=\cos 2\theta$ のグラフを $y=\sin\theta$，$y=\cos\theta$ のグラフをもとにしてかきなさい。

(1) $y=2\sin\theta$ のグラフ

同じ θ の値に対する $2\sin\theta$ の値は，$\sin\theta$ の値の ア□ 倍である。

したがって，$y=2\sin\theta$ のグラフは $y=\sin\theta$ のグラフを，θ 軸をもとにして，

イ□ 軸方向に ウ□ 倍に拡大したものである。

また，その周期は エ□ である。

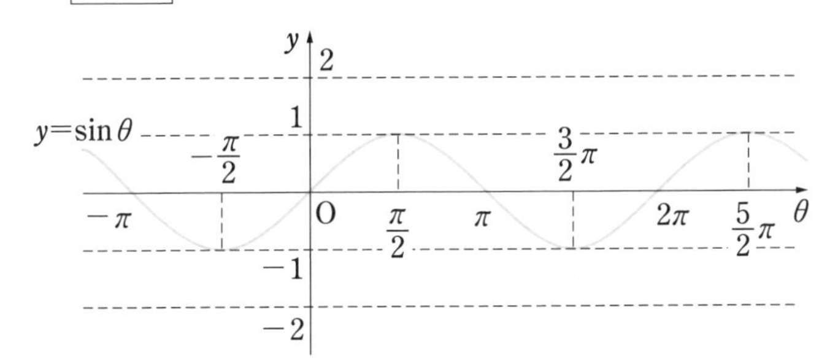

(2) $y=\cos 2\theta$ のグラフ

同じ θ の値に対する $\cos\theta$ と $\cos 2\theta$ の値を求めて表をつくると，次のようになる。

θ	…	0	$\frac{\pi}{12}$	$\frac{\pi}{6}$	$\frac{\pi}{4}$	$\frac{\pi}{3}$	$\frac{5}{12}\pi$	$\frac{\pi}{2}$	…
$\cos\theta$	…	1		$\frac{\sqrt{3}}{2}$		$\frac{1}{2}$		0	…
$\cos 2\theta$	…	1	$\frac{\sqrt{3}}{2}$	$\frac{1}{2}$	0	$-\frac{1}{2}$	$-\frac{\sqrt{3}}{2}$	-1	…

したがって，$y=\cos 2\theta$ のグラフは $y=\cos\theta$ のグラフを，y 軸をもとにして，

ア□ 軸方向に イ□ 倍に縮小したものである。

また，その周期は ウ□ である。

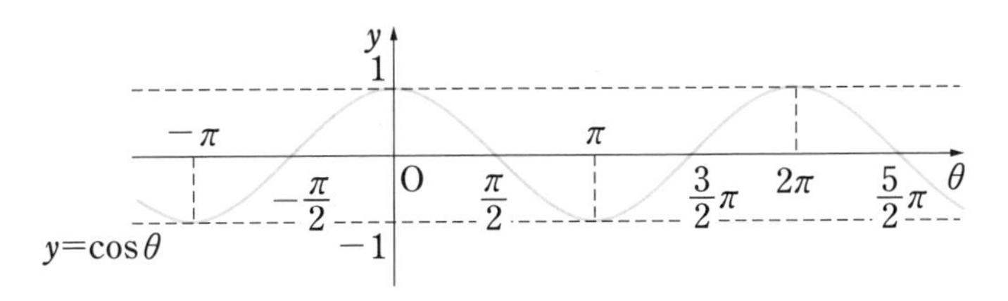

解答➡別冊 p. 13

35 三角関数を含む方程式，不等式

1 三角関数を含む方程式，不等式

三角関数を含む方程式や不等式は，次の例題のように，単位円を用いて考えます。

例題

$0 \leqq \theta < 2\pi$ のとき，次の方程式，不等式を解きなさい。

(1) $\sin\theta = -\dfrac{1}{\sqrt{2}}$　　(2) $\tan\theta = \dfrac{1}{\sqrt{3}}$　　(3) $\cos\theta \geqq \dfrac{1}{2}$

解答 (1) 右の図のように，単位円上で y 座標が $-\dfrac{1}{\sqrt{2}}$ である点をP，Qとすると，求める θ は動径OP，OQの表す角である。←1

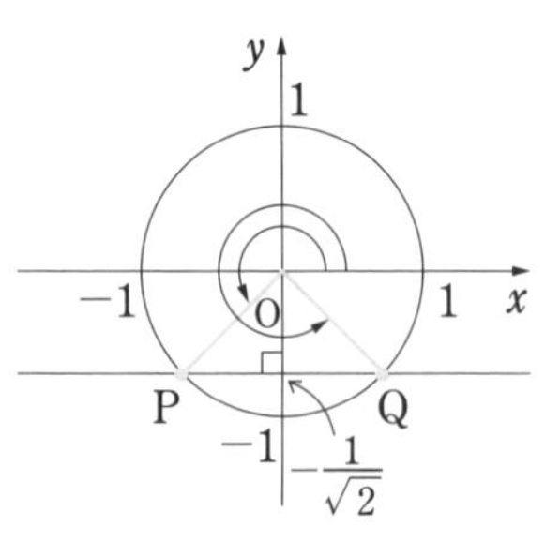

よって，$0 \leqq \theta < 2\pi$ の範囲では　$\theta = \dfrac{5}{4}\pi,\ \dfrac{7}{4}\pi$　2

(2) 右の図のように，点 $\left(1,\ \dfrac{1}{\sqrt{3}}\right)$ と原点を通る直線と単位円との交点をP，Qとすると，求める θ は動径OP，OQの表す角である。←1

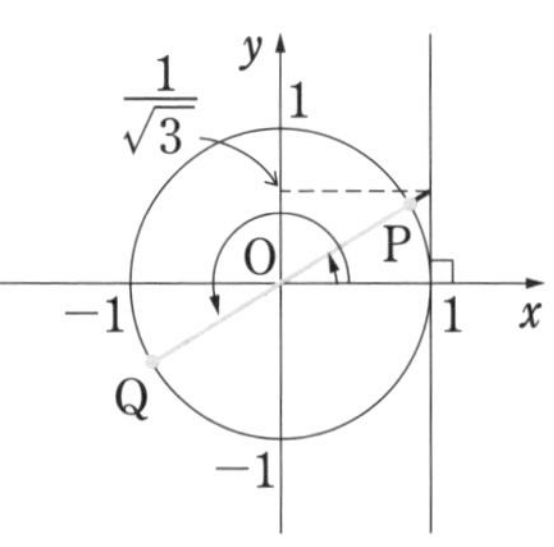

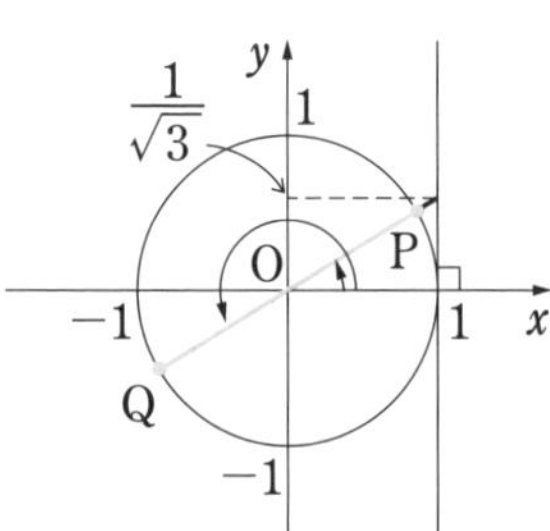

よって，$0 \leqq \theta < 2\pi$ の範囲では　$\theta = \dfrac{\pi}{6},\ \dfrac{7}{6}\pi$　2

(3) $0 \leqq \theta < 2\pi$ において，

$$\cos\theta = \frac{1}{2}$$

となる θ は　$\theta = \dfrac{\pi}{3},\ \dfrac{5}{3}\pi$　1

よって，不等式の解は，右の図から

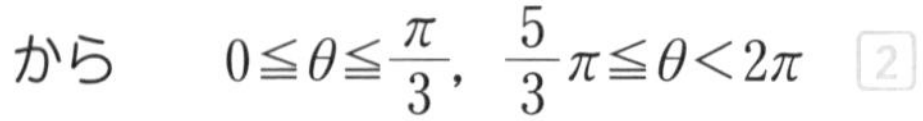

$0 \leqq \theta \leqq \dfrac{\pi}{3},\ \dfrac{5}{3}\pi \leqq \theta < 2\pi$　2

考えかた

1 単位円をかき，方程式の形に応じた直線と円の交点P，Qをとる。

2 動径OP，OQの表す角を求める。

$\sin\theta = a$ なら
直線 $y = a$ と円の交点
$\cos\theta = a$ なら
直線 $x = a$ と円の交点
$\tan\theta = a$ なら
直線 $y = ax$ と円の交点

考えかた

1 等式 $\cos\theta = \dfrac{1}{2}$ を満たす θ の値を求める。

2 単位円周上の点の x 座標が $\dfrac{1}{2}$ 以上であるような θ の値の範囲を求める。

練　習　問　題

1　**$0 \leqq \theta < 2\pi$ のとき，次の空らんをうめて，方程式 $\cos\theta = -\dfrac{1}{\sqrt{2}}$ を解きなさい。**

右の図のように，単位円上で x 座標が ア□ である点を P，Q とすると，求める θ は動径 OP，OQ の表す角である。

よって，$0 \leqq \theta < 2\pi$ の範囲では

$\theta =$ イ□，ウ□　（イ＜ウとする）

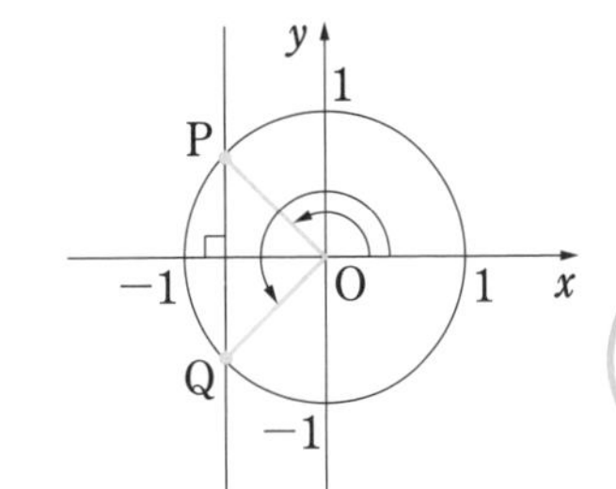

2　**$0 \leqq \theta < 2\pi$ のとき，次の方程式，不等式を解きなさい。**

(1)　$\cos\theta = \dfrac{\sqrt{3}}{2}$

(2)　$\tan\theta = -1$

(3)　$\sin\theta < \dfrac{1}{2}$

解答➡別冊 p. 13

36 加法定理

1 正弦，余弦の加法定理

2つの角 α，β の正弦，余弦を用いると，$\alpha+\beta$ や $\alpha-\beta$ の正弦，余弦は，次のように表すことができます。これを，正弦，余弦についての 加法定理 といいます。

1 $\sin(\alpha+\beta)=\sin\alpha\cos\beta+\cos\alpha\sin\beta$

2 $\sin(\alpha-\beta)=\sin\alpha\cos\beta-\cos\alpha\sin\beta$

3 $\cos(\alpha+\beta)=\cos\alpha\cos\beta-\sin\alpha\sin\beta$

4 $\cos(\alpha-\beta)=\cos\alpha\cos\beta+\sin\alpha\sin\beta$

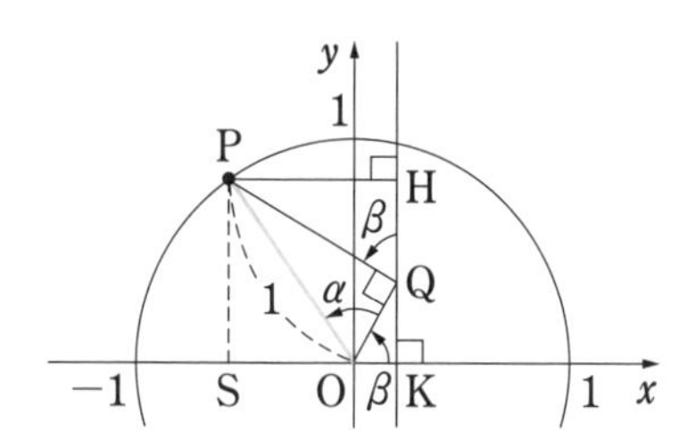

たとえば，上の図の単位円で

$\sin(\alpha+\beta)=\mathrm{PS}=\mathrm{HQ}+\mathrm{QK}$ …… ①

$\mathrm{HQ}=\mathrm{PQ}\cos\beta=\mathrm{OP}\sin\alpha\times\cos\beta$
$=\sin\alpha\cos\beta$

$\mathrm{QK}=\mathrm{OQ}\sin\beta=\mathrm{OP}\cos\alpha\times\sin\beta$
$=\cos\alpha\sin\beta$

よって，① から

$\sin(\alpha+\beta)=\sin\alpha\cos\beta+\cos\alpha\sin\beta$

2 正接の加法定理

正弦，余弦の加法定理から，正接について，次の加法定理が得られます。

5 $\tan(\alpha+\beta)=\dfrac{\tan\alpha+\tan\beta}{1-\tan\alpha\tan\beta}$

6 $\tan(\alpha-\beta)=\dfrac{\tan\alpha-\tan\beta}{1+\tan\alpha\tan\beta}$

例題

$\sin 75^\circ$，$\tan 15^\circ$ の値を求めなさい。

解答

$\sin 75^\circ=\sin(45^\circ+30^\circ)$ [1]

$=\sin 45^\circ\cos 30^\circ+\cos 45^\circ\sin 30^\circ$

$=\dfrac{\sqrt{2}}{2}\cdot\dfrac{\sqrt{3}}{2}+\dfrac{\sqrt{2}}{2}\cdot\dfrac{1}{2}=\dfrac{\sqrt{6}+\sqrt{2}}{4}$

$\tan 15^\circ=\tan(60^\circ-45^\circ)$ [1]

$=\dfrac{\tan 60^\circ-\tan 45^\circ}{1+\tan 60^\circ\tan 45^\circ}$ ← $\tan(45^\circ-30^\circ)$ を計算してもよい

$=\dfrac{\sqrt{3}-1}{1+\sqrt{3}\cdot 1}=\dfrac{(\sqrt{3}-1)^2}{(\sqrt{3}+1)(\sqrt{3}-1)}$

$=2-\sqrt{3}$

考えかた

[1] 15°，75° などの三角関数の値は，三角定規の角 30°，45°，60° の和・差で表す。

練　習　問　題

1　次の空らんをうめなさい。

$$\cos 105^\circ = \cos(60^\circ + 45^\circ)$$

$$= \cos 60^\circ \ ^{ア}\boxed{}\ 45^\circ - \sin 60^\circ \ ^{イ}\boxed{}\ 45^\circ$$

$$= \frac{1}{2} \cdot {}^{ウ}\boxed{} - \frac{\sqrt{3}}{2} \cdot {}^{エ}\boxed{}$$

$$= {}^{オ}\boxed{}$$

2　次の値を求めなさい。

(1)　$\sin 105^\circ$

(2)　$\cos 15^\circ$

(3)　$\tan 75^\circ$

解答➡別冊 p. 13

37 加法定理の応用

1 2倍角の公式

p. 80 で学んだ加法定理 1，3，5 において β を α におき換えると，次の公式が得られます。これを，2倍角の公式 といいます。

重要!

1 $\sin 2\alpha=2\sin\alpha\cos\alpha$

2 $\begin{cases}\cos 2\alpha=\cos^2\alpha-\sin^2\alpha\\ \cos 2\alpha=1-2\sin^2\alpha\\ \cos 2\alpha=2\cos^2\alpha-1\end{cases}$

3 $\sin 2\alpha=2\sin\alpha\cos\alpha$

加法定理

$\sin(\alpha+\beta)=\sin\alpha\cos\beta+\cos\alpha\sin\beta$

$\cos(\alpha+\beta)=\cos\alpha\cos\beta-\sin\alpha\sin\beta$

$\tan(\alpha+\beta)=\dfrac{\tan\alpha+\tan\beta}{1-\tan\alpha\tan\beta}$

上の2倍角の公式 2 から，次の 半角の公式 が得られます。

$$\sin^2\alpha=\frac{1-\cos 2\alpha}{2},\qquad \cos^2\alpha=\frac{1+\cos 2\alpha}{2}$$

例 $\sin^2\dfrac{\pi}{8}=\dfrac{1}{2}\left(1-\cos\dfrac{\pi}{4}\right)=\dfrac{1}{2}\left(1-\dfrac{\sqrt{2}}{2}\right)=\dfrac{2-\sqrt{2}}{4}$

$\sin\dfrac{\pi}{8}>0$ から　$\sin\dfrac{\pi}{8}=\sqrt{\dfrac{2-\sqrt{2}}{4}}=\dfrac{\sqrt{2-\sqrt{2}}}{2}$

例題

α の動径が第2象限にあり，$\sin\alpha=\dfrac{1}{3}$ のとき，$\sin 2\alpha$ の値を求めなさい。

解答　α の動径は第2象限にあるから　$\cos\alpha<0$ ←1

よって　$\cos\alpha=-\sqrt{1-\sin^2\alpha}=-\sqrt{1-\left(\dfrac{1}{3}\right)^2}$ (2)

$=-\sqrt{\dfrac{8}{9}}=-\dfrac{2\sqrt{2}}{3}$

したがって　$\sin 2\alpha=2\sin\alpha\cos\alpha=2\cdot\dfrac{1}{3}\cdot\left(-\dfrac{2\sqrt{2}}{3}\right)$ (3)

$=-\dfrac{4\sqrt{2}}{9}$

考えかた

1 角 α の範囲に注意する。

2 三角関数の相互関係 (→ p. 72) を用いて $\cos\alpha$ を求める。

3 2倍角の公式 1 を利用する。

練　習　問　題

1　次の空らんをうめて，$\cos 22.5^\circ$ の値を求めなさい。

$$\cos^2 22.5^\circ=\frac{1}{2}\left(1+\cos\,{}^{ア}\square^\circ\right)=\frac{1}{2}\left(1+{}^{イ}\square\right)$$

$$=\frac{{}^{ウ}\square}{4}$$

$\cos 22.5^\circ>0$ であるから　$\cos 22.5^\circ=\dfrac{{}^{エ}\square}{2}$

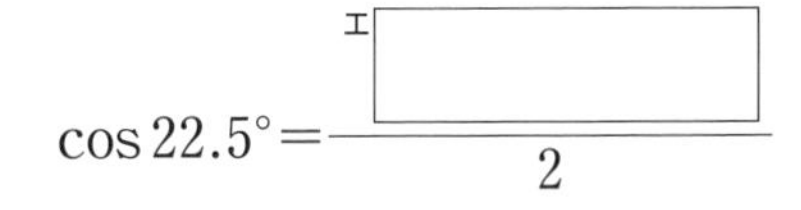

2　α の動径が第 3 象限にあり，$\cos\alpha=-\dfrac{4}{5}$ のとき，次の値を求めなさい。

(1)　$\sin\alpha$

(2)　$\sin 2\alpha$

(3)　$\cos 2\alpha$

解答➡別冊 p. 14

38 三角関数の合成

1 三角関数の合成

加法定理を利用すると，$a\sin\theta+b\cos\theta$ の形の式を $r\sin(\theta+\alpha)$ の形に変形することができます。

座標平面上に座標が $(a,\ b)$ である点Pをとり，OPが x 軸の正の向きとなす角を α として

$$\mathrm{OP}=r=\sqrt{a^2+b^2}$$

とおくと　$a=r\cos\alpha,\ b=r\sin\alpha$

よって

$$\begin{aligned}a\sin\theta+b\cos\theta&=r\cos\alpha\sin\theta+r\sin\alpha\cos\theta\\&=r(\cos\alpha\sin\theta+\sin\alpha\cos\theta)\\&=\sqrt{a^2+b^2}\sin(\theta+\alpha)\end{aligned}$$

加法定理

このような変形を 三角関数の合成 といいます。

重要!

$$\boldsymbol{a\sin\theta+b\cos\theta=\sqrt{a^2+b^2}\sin(\theta+\alpha)}$$

ただし　$\cos\alpha=\dfrac{a}{\sqrt{a^2+b^2}},\ \sin\alpha=\dfrac{b}{\sqrt{a^2+b^2}}$

例題

$\sqrt{3}\sin\theta+\cos\theta$ を $r\sin(\theta+\alpha)$ の形に変形しなさい。ただし，$r>0,\ -\pi<\alpha<\pi$ とする。

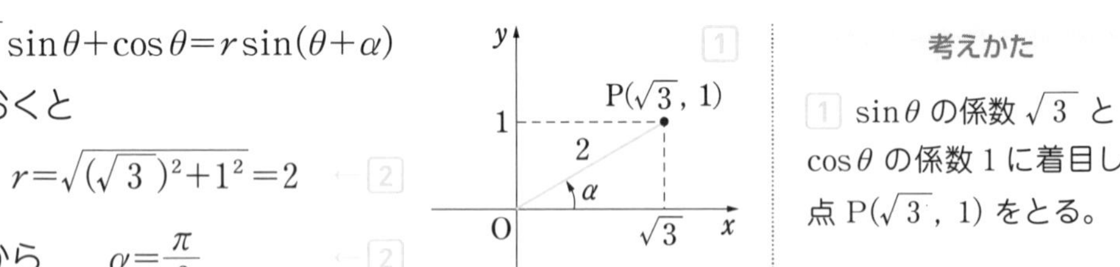

解答　$\sqrt{3}\sin\theta+\cos\theta=r\sin(\theta+\alpha)$ とおくと ［1］

$r=\sqrt{(\sqrt{3})^2+1^2}=2$ ［2］

図から　$\alpha=\dfrac{\pi}{6}$ ［2］

よって　$\sqrt{3}\sin\theta+\cos\theta=2\sin\left(\theta+\dfrac{\pi}{6}\right)$ ［3］

考えかた

［1］ $\sin\theta$ の係数 $\sqrt{3}$ と $\cos\theta$ の係数1に着目して，点 $\mathrm{P}(\sqrt{3},\ 1)$ をとる。

［2］ $\mathrm{OP}=r$ と α を決める。

［3］ 1つの式にまとめる。

例題の $\sqrt{3}\sin\theta+\cos\theta$ がとる値について考えると

$-1\leqq\sin\left(\theta+\dfrac{\pi}{6}\right)\leqq1$ であるから　$-2\leqq2\sin\left(\theta+\dfrac{\pi}{6}\right)\leqq2$

よって，$\sqrt{3}\sin\theta+\cos\theta$ のとる値の最大値は2，最小値は -2 とわかります。

練　習　問　題

1　**次の空らんをうめて，$\sin\theta-\sqrt{3}\cos\theta$ を $r\sin(\theta+\alpha)$ の形に変形しなさい。**

$$\sin\theta-\sqrt{3}\cos\theta=r\sin(\theta+\alpha)$$

とおくと　$r=\sqrt{1^2+\left(^{ア}\boxed{}\right)^2}={}^{イ}\boxed{}$

図から　$\alpha={}^{ウ}\boxed{}$

よって　$\sin\theta-\sqrt{3}\cos\theta={}^{エ}\boxed{}$

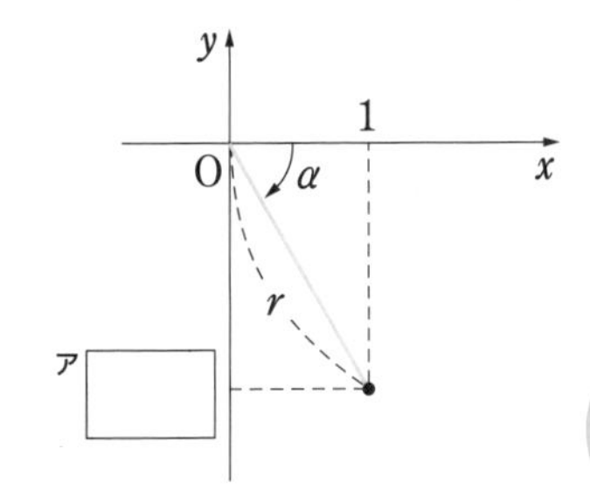

2　**関数 $y=\sin\theta+\cos\theta$ について，次の問いに答えなさい。**

(1)　$\sin\theta+\cos\theta$ を $r\sin(\theta+\alpha)$ の形に変形しなさい。ただし，$r>0$，$-\pi<\alpha<\pi$ とする。

(2)　関数 $y=\sin\theta+\cos\theta$ の最大値と最小値を求めなさい。

解答➡別冊 p. 14

確認テスト

1 $\theta=\dfrac{23}{6}\pi$ について，$\sin\theta$，$\cos\theta$，$\tan\theta$ の値を求めなさい。

2 $\sin\theta+\cos\theta=-\dfrac{1}{2}$ のとき，$\sin\theta\cos\theta$ の値を求めなさい。

3 関数 $y=\sin 2\theta$ のグラフをかきなさい。また，周期を答えなさい。

4

α の動径は第 2 象限にあり，β の動径は第 3 象限にある。

$\sin\alpha=\frac{3}{5}$，$\cos\beta=-\frac{1}{3}$ のとき，次の値を求めなさい。

(1) $\sin(\alpha+\beta)$

(2) $\cos(\alpha-\beta)$

5

次の問いに答えなさい。ただし，a，b，r，α は定数で，$r>0$，$-\pi<\alpha<\pi$ とする。

(1) $\sin\left(\theta-\frac{\pi}{6}\right)$ を $a\sin\theta+b\cos\theta$ の形に変形しなさい。

(2) $4\sin\theta-2\sqrt{3}\sin\left(\theta-\frac{\pi}{6}\right)$ を $r\sin(\theta+\alpha)$ の形に変形しなさい。

解答➡別冊 p. 14

39 指数法則

1 指数法則

数学 I で学んだように，累乗について，次の指数法則が成り立ちます。

> m，n は正の整数とする。
>
> **1** $a^m \times a^n = a^{m+n}$　　**2** $(a^m)^n = a^{mn}$　　**3** $(ab)^n = a^n b^n$

たとえば，2 の累乗 ……，2^4，2^3，2^2，2^1 の値は，指数が 1 減るごとに $\frac{1}{2}$ 倍になります。

同じように，指数が 1 減るごとに 2 の累乗の値が $\frac{1}{2}$ 倍になるとすると，2^0，2^{-1}，2^{-2}，2^{-3}，…… の値は，次のようになると考えることができます。

……	2^{-3}	2^{-2}	2^{-1}	2^0	2^1	2^2	2^3	2^4	……
	$\frac{1}{8}$	$\frac{1}{4}$	$\frac{1}{2}$	1	2	4	8	16	

そこで，指数が 0 や負の整数の場合の累乗を，次のように定めます。

> $a \neq 0$ で，n は正の整数とする。　　$a^0 = 1$，　$a^{-n} = \dfrac{1}{a^n}$

一般に，指数が整数の場合に，次の指数法則が成り立ちます。

> 重要!
> **指数法則（指数が整数）**
>
> $a \neq 0$，$b \neq 0$ で，m，n は整数とする。
>
> **1** $a^m \times a^n = a^{m+n}$　　**2** $a^m \div a^n = a^{m-n}$
>
> **3** $(a^m)^n = a^{mn}$　　**4** $(ab)^n = a^n b^n$

例　(1)　$2^3 \times 2^{-5} = 2^{3+(-5)} = 2^{-2} = \dfrac{1}{2^2} = \dfrac{1}{4}$

(2)　$(3^{-1})^2 \div 3^{-4} = 3^{-2} \div 3^{-4} = 3^{-2-(-4)} = 3^2 = 9$

練　習　問　題

1　$a \neq 0$，$b \neq 0$ とする。次の空らんをうめなさい。

(1) 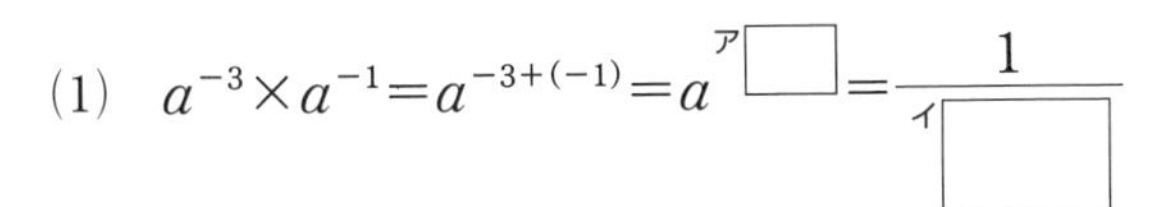

(2) 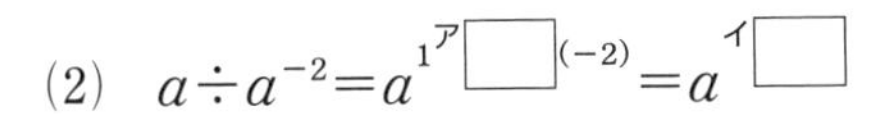

(3) 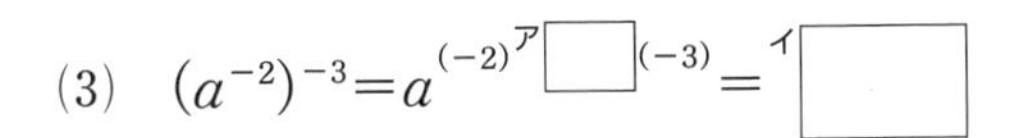

(4) $(ab)^{-5}=a^{-5}$ ア□ $=\dfrac{1}{\text{イ}\square}$

指数法則（指数が整数）

$a \neq 0$，$b \neq 0$ で，m，n は整数。

1　$a^m \times a^n = a^{m+n}$

2　$a^m \div a^n = a^{m-n}$

3　$(a^m)^n = a^{mn}$

4　$(ab)^n = a^n b^n$

2　次の計算をしなさい。

(1)　$3^{-2} \times 3^4$

(2)　$5^4 \div 5^6$

(3)　$(9^{-3})^0$

(4)　$10^{-3} \div 10^{-5}$

(5)　$2^8 \times 2^{-4} \div 2^3$

(6)　$7^6 \times (7^2)^{-3}$

解答➡別冊 p. 15

40 累乗根

1 累乗根

n を正の整数とするとき，n 乗すると a になる数を，a の n 乗根 といい，2 乗根，3 乗根，…… をまとめて，累乗根 といいます。

以下では，正の数 a の n 乗根のうち，正であるものについて考えます。

関数 $y=x^n$ $(x\geqq 0)$ のグラフの概形は，右の図のようになります。

このグラフから，$x^n=a$ を満たす正の数 x，すなわち a の n 乗根はただ 1 つあることがわかります。この正の数 x を $\sqrt[n]{a}$ と表します。

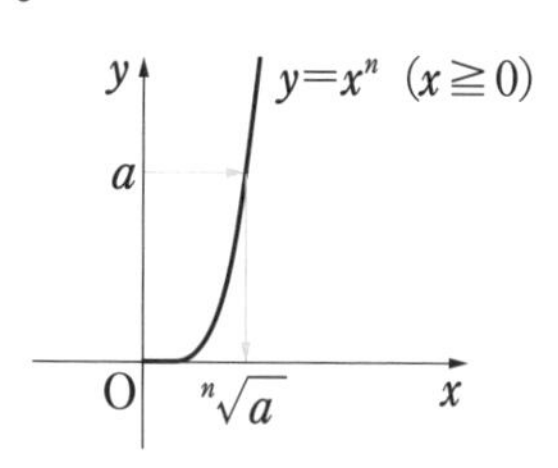

例　$2^3=8$ であるから　　$\sqrt[3]{8}=2$

一般に，次のことが成り立ちます。

> $a>0$ で，n は正の整数とする。　　$\sqrt[n]{a}>0$，$(\sqrt[n]{a})^n=a$，$\sqrt[n]{a^n}=a$

累乗根について，次のことが成り立ちます。

> $a>0$，$b>0$ で，m，n は正の整数とする。
>
> **1**　$\sqrt[n]{a}\sqrt[n]{b}=\sqrt[n]{ab}$　　**2**　$\dfrac{\sqrt[n]{a}}{\sqrt[n]{b}}=\sqrt[n]{\dfrac{a}{b}}$
>
> **3**　$(\sqrt[n]{a})^m=\sqrt[n]{a^m}$　　**4**　$\sqrt[m]{\sqrt[n]{a}}=\sqrt[mn]{a}$

例　(1)　$\sqrt[3]{3}\times\sqrt[3]{9}=\sqrt[3]{3\times 9}=\sqrt[3]{3^3}=3$　　(2)　$\dfrac{\sqrt[4]{2}}{\sqrt[4]{32}}=\sqrt[4]{\dfrac{2}{32}}=\sqrt[4]{\left(\dfrac{1}{2}\right)^4}=\dfrac{1}{2}$

2 指数が有理数の場合の累乗

指数が有理数である場合の累乗は，累乗根を用いて，次のように定めます。

> $a>0$ で，m，n は正の整数，r は正の有理数とする。
>
> $a^{\frac{m}{n}}=\sqrt[n]{a^m}=(\sqrt[n]{a})^m$　　特に　$a^{\frac{1}{n}}=\sqrt[n]{a}$，$a^{\frac{1}{2}}=\sqrt{a}$
>
> $a^{-r}=\dfrac{1}{a^r}$

例　(1)　$8^{\frac{2}{3}}=\sqrt[3]{8^2}=\sqrt[3]{4^3}=4$　　(2)　$49^{-\frac{1}{2}}=\dfrac{1}{49^{\frac{1}{2}}}=\dfrac{1}{\sqrt{49}}=\dfrac{1}{7}$

指数が有理数の場合にも，これまでに学んだ指数法則は成り立ちます。

例　(1)　$2^{\frac{3}{4}}\times 2^{\frac{5}{4}}=2^{\frac{3}{4}+\frac{5}{4}}=2^2=4$　　(2)　$(9^3)^{\frac{1}{6}}=9^{3\times\frac{1}{6}}=9^{\frac{1}{2}}=\sqrt{9}=3$

練習問題

1 次の空らんをうめなさい。

(1) $\left(\frac{1}{3}\right)^4 = $ ア□ であるから　$\sqrt[4]{\frac{1}{81}} = $ イ□

(2) $\sqrt[4]{2} \times \sqrt[4]{8} = \sqrt[4]{2 \times \text{ア}\square}$

$= \sqrt[4]{\text{イ}\square} = $ ウ□

(3) $8 \div 8^{\frac{2}{3}} = 8^{\text{ア}\square - \frac{2}{3}} = 8^{\text{イ}\square}$

$=$ ウ□

指数法則（指数が有理数）

$a>0$ で，r，s は有理数。

1 $a^r \times a^s = a^{r+s}$

2 $a^r \div a^s = a^{r-s}$

2 次の計算をしなさい。

(1) $\sqrt[3]{2} \times \sqrt[3]{32}$

(2) $\sqrt[5]{96} \div \sqrt[5]{3}$

(3) $3^{\frac{1}{3}} \times 3^{\frac{5}{3}}$

(4) $(16^{-\frac{2}{3}})^{\frac{3}{8}}$

(5) $4^{\frac{2}{3}} \times 4^{\frac{5}{6}} \div 4$

(6) $\sqrt{6} \times \sqrt[3]{6^2} \div \sqrt[6]{6}$

解答➡別冊 p. 16

41 指数関数とそのグラフ

1 指数関数

a を 1 でない正の定数とするとき，関数 $y=a^x$ を，a を 底(てい) とする 指数関数 といいます。

たとえば，x のいろいろな値に対する 2^x と $\left(\frac{1}{2}\right)^x$ の値は，次の表のようになります。

x	…	-3	-2	-1	0	1	2	3	…
2^x	…	$\frac{1}{8}$	$\frac{1}{4}$	$\frac{1}{2}$	1	2	4	8	…
$\left(\frac{1}{2}\right)^x$	…	8	4	2	1	$\frac{1}{2}$	$\frac{1}{4}$	$\frac{1}{8}$	…

たとえば

$2^{-3}=\frac{1}{2^3}=\frac{1}{8}$

$\left(\frac{1}{2}\right)^{-3}=(2^{-1})^{-3}=2^3=8$

上の表から，関数 $y=2^x$ と指数関数 $y=\left(\frac{1}{2}\right)^x$ のグラフは右の図のようになります。

右の図からわかるように，指数関数 $y=\left(\frac{1}{2}\right)^x$ のグラフは，関数 $y=2^x$ のグラフと y 軸に関して対称になっています。

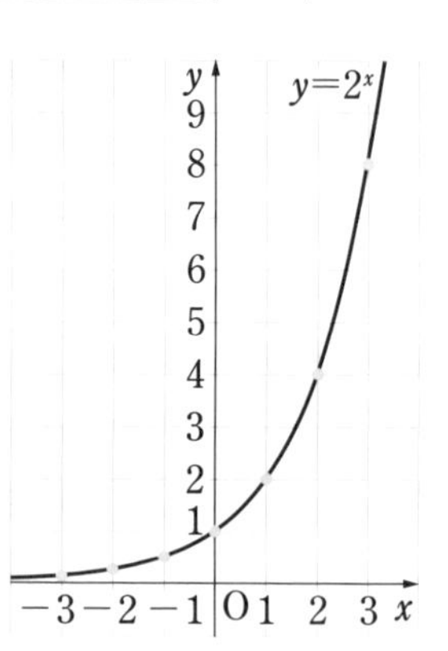

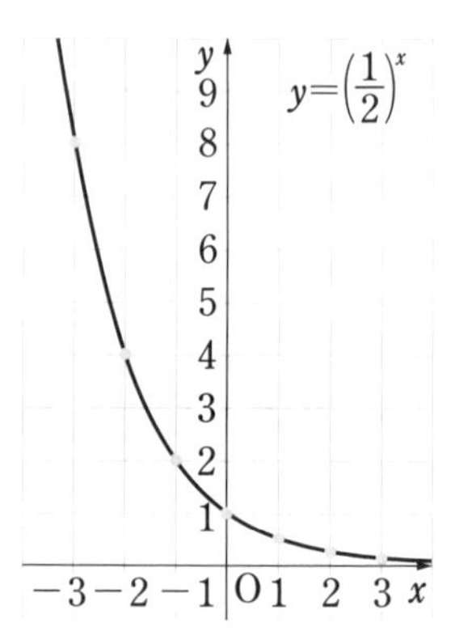

一般に，指数関数 $y=a^x$ のグラフは，次のようになります。

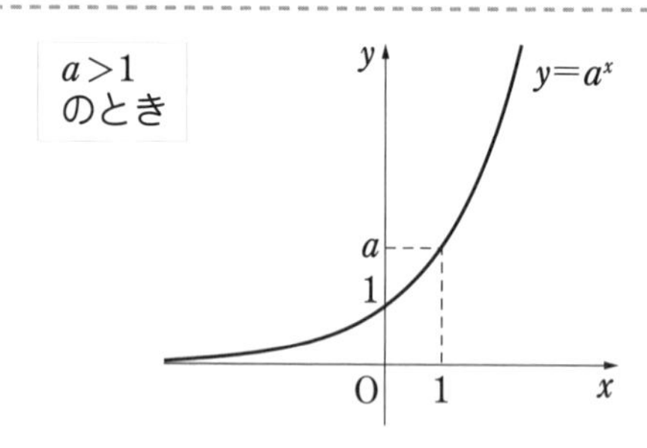

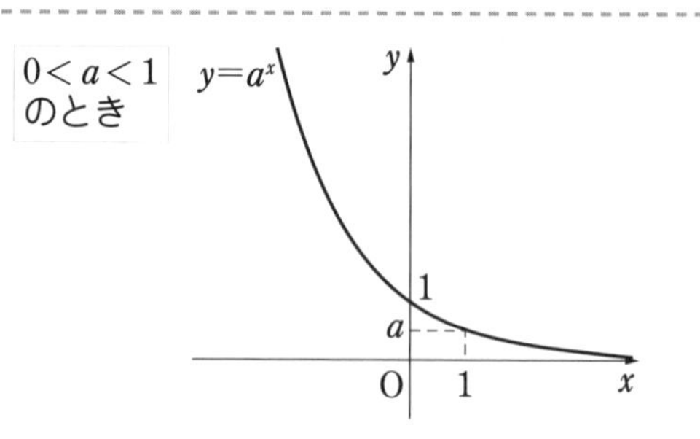

1　グラフは，x 軸を漸近線とし，点 $(0,\ 1)$，$(1,\ a)$ を通る。

2　グラフは，

$a>1$ のとき右上がりの曲線，$0<a<1$ のとき右下がりの曲線である。

練 習 問 題

1 **次の空らんをうめなさい。**

(1) 指数関数 $y=3^x$ のグラフは，

点 (0, 1)，$\left(1, {}^{ア}\square\right)$ を通る

${}^{イ}\square$ 上がりの曲線

である。

また，${}^{ウ}\square$ 軸はグラフの漸近線である。

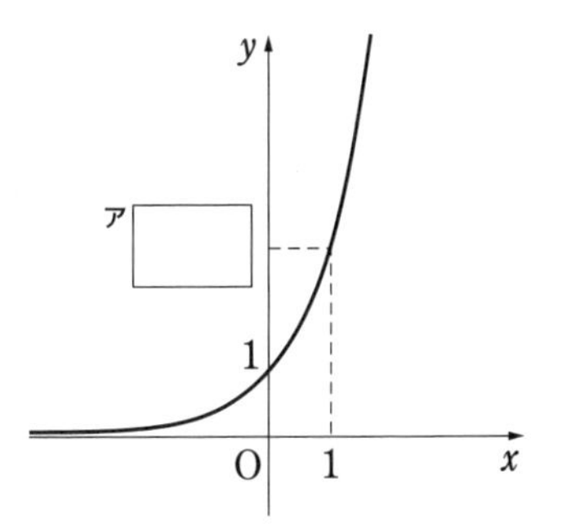

(2) 指数関数 $y=3^x$ を考え，3^{-2}，$3^{1.5}$，3^0 の大小を調べる。

底 3 は 1 より大きく，$-2<0<1.5$ であるから

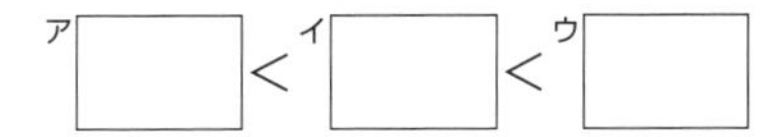

指数関数 $y=a^x$ の性質

1 $a>1$ のとき

x の値が増加すると，y の値も増加。

2 $0<a<1$ のとき

x の値が増加すると，y の値は減少。

2 **次の数の大小を不等号を用いて表しなさい。**

(1) $2^{\frac{2}{3}}$，$2^{-\frac{1}{2}}$，$2^{\frac{3}{4}}$

(2) 1，$\left(\frac{1}{4}\right)^{-1.5}$，$\left(\frac{1}{4}\right)^{2.5}$

解答➡別冊 p. 16

42 指数関数と方程式，不等式

1 指数関数を含む方程式，不等式

指数関数を含む方程式や不等式は，同じ底にそろえることを考えます。

指数関数を含む方程式では，底をそろえて，指数についての方程式を作り，それを解きます。

例 方程式 $3^x=27$ の解

方程式を変形すると　$3^x=3^3$　よって　$x=3$

指数関数を含む不等式では，底をそろえて，底 a と 1 の大小を確認します。

例 (1) 不等式 $2^x>4$ の解

不等式を変形すると　$2^x>2^2$

底 2 は 1 より大きいから　$x>2$　← 不等号の向きは変わらない

(2) 不等式 $\left(\frac{1}{3}\right)^x>\frac{1}{9}$ の解

不等式を変形すると　$\left(\frac{1}{3}\right)^x>\left(\frac{1}{3}\right)^2$

底 $\frac{1}{3}$ は 1 より小さいから　$x<2$　← 不等号の向きが変わる

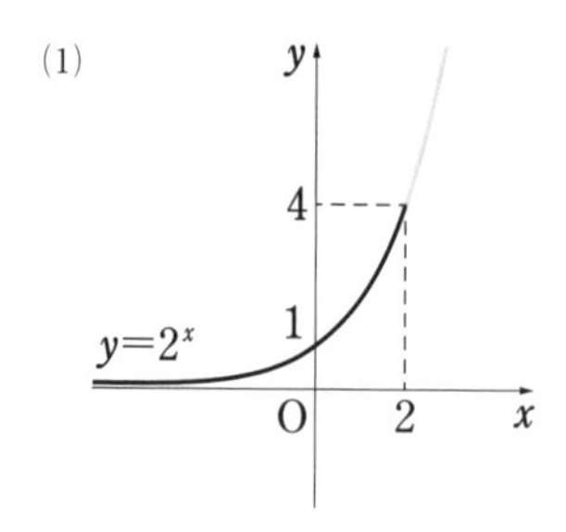

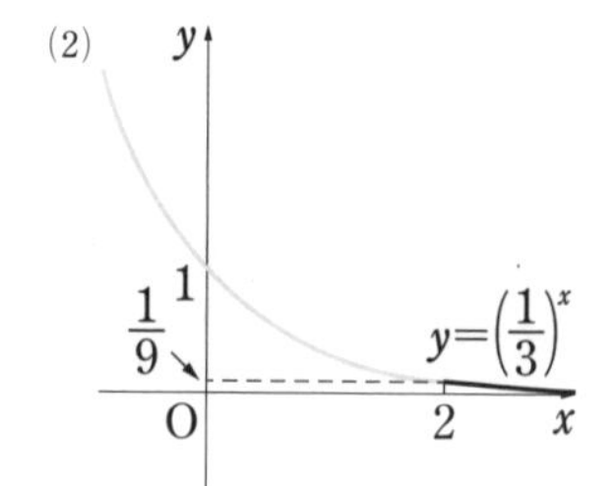

例題

方程式 $8^x=4$ を解きなさい。

解答　方程式を変形すると　$2^{3x}=2^2$　← 1

よって　$3x=2$　← 2

したがって　$x=\frac{2}{3}$

考えかた

1 底を 2 にそろえる。

2 指数についての方程式を作り，それを解く。

練習問題

1　次の空らんをうめなさい。

(1)　不等式 $2^x \geqq 8$ の解

不等式を変形すると　　$2^x \geqq 2^{\boxed{\text{ア}\quad}}$

底 2 は 1 より大きいから　　イ$\boxed{\qquad\qquad}$

(2)　不等式 $\left(\frac{1}{2}\right)^x < 2$ の解

不等式を変形すると　　$\left(\frac{1}{2}\right)^x < \left(\frac{1}{2}\right)^{\boxed{\text{ア}\quad}}$

底 $\frac{1}{2}$ は 1 より小さいから　　イ$\boxed{\qquad\qquad}$

2　次の方程式，不等式を解きなさい。

(1)　$9^x = 81$

(2)　$9^x = 27$

(3)　$\left(\frac{1}{4}\right)^x \leqq \frac{1}{16}$

解答➡別冊 p. 16

43　対数

1　対数

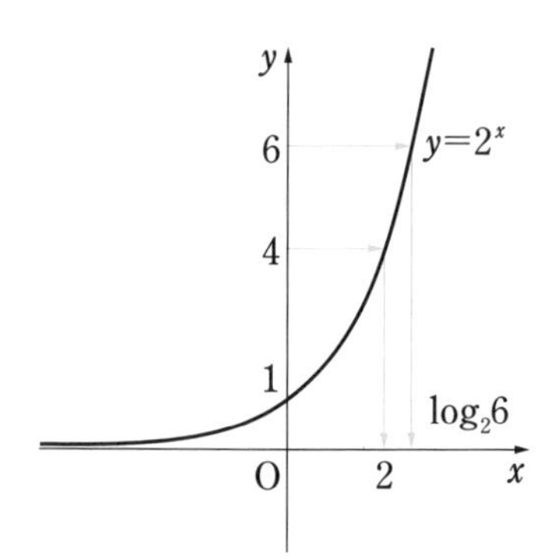

指数関数 $y=2^x$ のグラフからわかるように，y の値として正の値を 1 つ決めると x の値がただ 1 つ決まります。

一般に，a を 1 でない正の数とするとき，どんな正の数 M に対しても，$M=a^p$ となる p の値がただ 1 つ決まります。

この p を $\log_a M$ と表し，a を 底（てい） とする M の 対数（たいすう） といいます。また，$\log_a M$ における正の実数 M を，この対数の 真数（しんすう） といいます。

$a>0$，$a\neq1$，$M>0$ とする。

$$\boldsymbol{M=a^p \iff \log_a M=p}$$

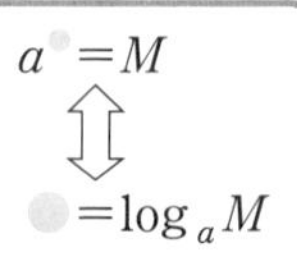

注　今後，$\log_a M$ と書いた場合は，$a>0$，$a\neq1$，$M>0$ とします。

例　(1)　$8=2^3$ から　　$\log_2 8=3$

(2)　$\dfrac{1}{8}=2^{-3}$ から　　$\log_2 \dfrac{1}{8}=-3$

$a^0=1$，$a^1=a$ であることから，$\boldsymbol{\log_a 1=0}$，$\boldsymbol{\log_a a=1}$ が成り立ちます。

また，$M=a^p$ のとき $\log_a M=p$ であることから，次のことが成り立ちます。

$$\boldsymbol{\log_a a^p=p}$$

次の値を求めなさい。

(1)　$\log_3 81$　　　　(2)　$\log_2 \sqrt[3]{4}$

解答　(1)　$\log_3 81=\log_3 3^4=4$

(2)　$\log_2 \sqrt[3]{4}=\log_2 \sqrt[3]{2^2}=\log_2 2^{\frac{2}{3}}=\dfrac{2}{3}$

考えかた

1　$\log_a M$ を $\log_a a^p$ の形で表す。

2　$\log_a a^p=p$ を用いる。

練　習　問　題

1　次の空らんをうめなさい。

(1)　$\log_2 16 = \log_2 2^{\text{ア}\square} = {}^{\text{イ}}\square$

(2)　$\log_3 \sqrt{3} = \log_3 3^{\text{ア}\square} = {}^{\text{イ}}\square$

(3)　$\log_5 \dfrac{1}{25} = \log_5 5^{\text{ア}\square} = {}^{\text{イ}}\square$

2　次の値を求めなさい。

(1)　$\log_6 36$

(2)　$\log_5 125$

(3)　$\log_2 \dfrac{1}{4}$

(4)　$\log_7 \dfrac{1}{\sqrt{7}}$

(5)　$\log_3 \sqrt{27}$

(6)　$\log_{\sqrt{2}} 4$

解答➡別冊 p. 16

44 対数の性質

1 対数の性質

指数法則と対数の定義から，対数について，次の性質が導かれます。

重要！ $a>0$，$a \neq 1$，$M>0$，$N>0$ で，k は実数とする。

1 $\log_a MN = \log_a M + \log_a N$　　← 積の対数は対数の和

2 $\log_a \dfrac{M}{N} = \log_a M - \log_a N$　　← 商の対数は対数の差

3 $\log_a M^k = k\log_a M$

例 (1) $\log_4 2 + \log_4 8 = \log_4 (2\times 8) = \log_4 16 = \log_4 4^2 = 2$

(2) $\log_{10} 20 - \log_{10} 2 = \log_{10} \dfrac{20}{2} = \log_{10} 10 = 1$

対数は次の公式によって，異なる底の対数になおすことができます。これを 底の変換公式 といいます。

重要！ $a>0$，$b>0$，$c>0$ で，$a \neq 1$，$c \neq 1$ とする。

$$\log_a b = \frac{\log_c b}{\log_c a}$$

$\log_{●} □ = \dfrac{\log_{▲} □}{\log_{▲} ●}$

例 $\log_8 4 = \dfrac{\log_2 4}{\log_2 8} = \dfrac{\log_2 2^2}{\log_2 2^3} = \dfrac{2}{3}$

例題

$\dfrac{1}{2}\log_5 9 + \log_5 12 - 2\log_5 6$ を計算しなさい。

解答

$\dfrac{1}{2}\log_5 9 + \log_5 12 - 2\log_5 6$

$= \log_5 9^{\frac{1}{2}} + \log_5 12 - \log_5 6^2$

$= \log_5 3 + \log_5 12 - \log_5 36$

$= \log_5 \dfrac{3\times 12}{36}$

$= \log_5 1 = 0$

考えかた

1 対数の性質を用いて，1つの対数 $\log_5 ●$ の形にまとめる。

練　習　問　題

1　次の空らんをうめなさい。

(1)　$\log_{10}4+\log_{10}25=\log_{10}\left(4\times{}^{ア}\boxed{}\right)=\log_{10}{}^{イ}\boxed{}$

$=\log_{10}10^{{}^{ウ}\boxed{}}={}^{エ}\boxed{}$

(2)　$\log_{2}6-\log_{2}12=\log_{2}\dfrac{{}^{ア}\boxed{}}{{}^{イ}\boxed{}}=\log_{2}{}^{ウ}\boxed{}$

$=\log_{2}2^{{}^{エ}\boxed{}}={}^{オ}\boxed{}$

2　次の計算をしなさい。

(1)　$\log_{7}21+\log_{7}2-\log_{7}6$

(2)　$4\log_{3}\sqrt{6}-\dfrac{1}{2}\log_{3}16$

(3)　$\log_{5}8\times\log_{8}25$

解答➡別冊 p. 17

45 対数関数とそのグラフ

1 対数関数

a を 1 でない正の定数とするとき，関数 $y=\log_a x$ を，a を **底** とする **対数関数** といいます。

たとえば，x のいろいろな値に対応する $\log_2 x$ と $\log_{\frac{1}{2}} x$ の値は，次の表のようになります。

x	$\cdots$	$\frac{1}{8}$	$\frac{1}{4}$	$\frac{1}{2}$	1	2	4	8	$\cdots$
$\log_2 x$	$\cdots$	-3	-2	-1	0	1	2	3	$\cdots$
$\log_{\frac{1}{2}} x$	$\cdots$	3	2	1	0	-1	-2	-3	$\cdots$

上の表から得られる値の組 $(x,\ \log_2 x)$，$(x,\ \log_{\frac{1}{2}} x)$ を座標にもつ点を座標平面上にとっていくと，それらの点はそれぞれ，右の図のような曲線上にあることがわかります。

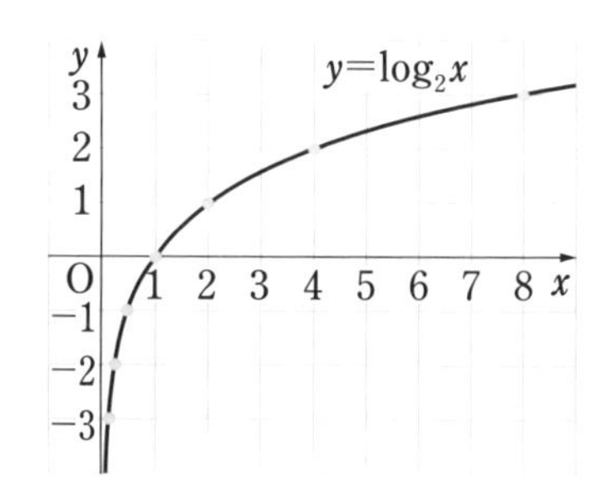

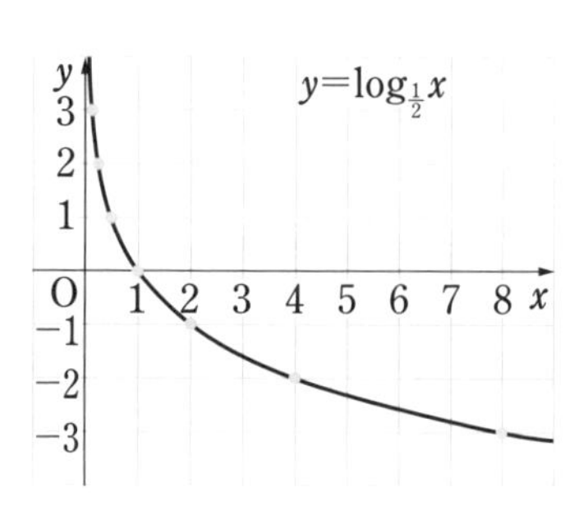

これらの曲線が，対数関数 $y=\log_2 x$ と $y=\log_{\frac{1}{2}} x$ のグラフです。

2 つのグラフは，x 軸に関して対称になっています。

一般に，対数関数 $y=\log_a x$ のグラフは，次のようになります。

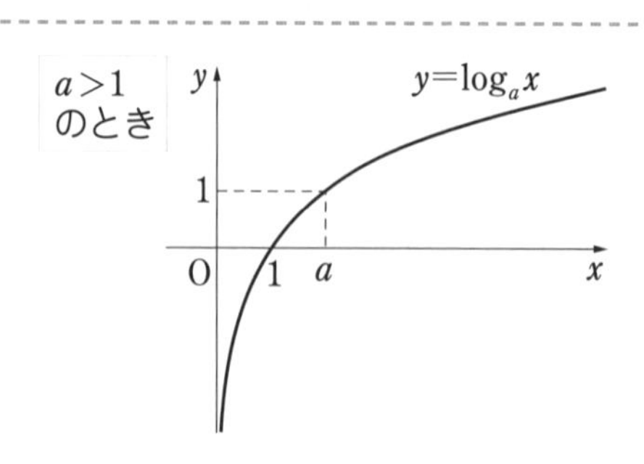

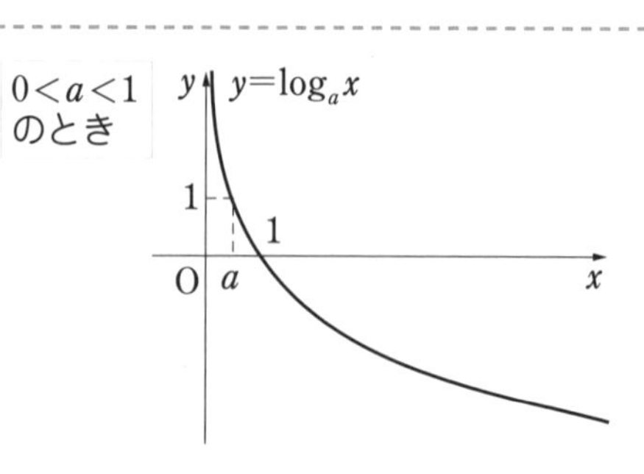

1 グラフは，y 軸を漸近線とし，点 $(1,\ 0)$，$(a,\ 1)$ を通る。

2 グラフは，

$a>1$ のとき右上がりの曲線，$0<a<1$ のとき右下がりの曲線である。

練　習　問　題

1　次の空らんをうめなさい。

(1)　対数関数 $y=\log_3 x$ のグラフは，

点 (1, 0)，(ア［　　］, 1) を通る

イ［　　］上がりの曲線

である。

また，ウ［　　］軸はグラフの漸近線である。

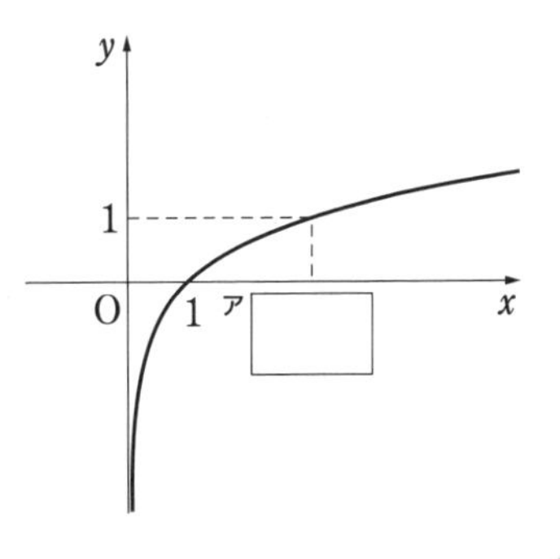

(2)　対数関数 $y=\log_3 x$ を考え，$\log_3 5$，$\log_3 \frac{1}{4}$，$\log_3 2$ の大小を調べる。

底 3 は 1 より大きく，$\frac{1}{4}<2<5$ であるから

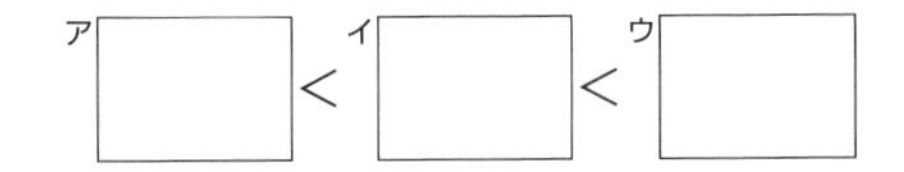

対数関数 $y=\log_a x$ の性質

1　$a>1$ のとき
　x の値が増加すると，y の値も増加。

2　$0<a<1$ のとき
　x の値が増加すると，y の値は減少。

2　次の数の大小を不等号を用いて表しなさい。

(1)　$\log_2 3$，$\log_2 7$，$\log_2 \frac{1}{5}$

(2)　0，$\log_{\frac{1}{4}} 3$，$\log_{\frac{1}{4}} 5$

解答➡別冊 p. 17

46 対数関数と方程式，不等式

1 対数関数を含む方程式，不等式

対数関数を含む方程式や不等式は，定義を利用したり，同じ底にそろえることを考えます。
対数関数を含む方程式では，真数についての方程式を作り，それを解きます。

例 方程式 $\log_2 x=5$ の解

対数の定義から　$x=2^5=32$　← この解き方で (真数)≦0 の解が得られることはない。

対数関数を含む不等式では，真数の条件と，底 a と 1 の大小を確認します。

例 (1) 不等式 $\log_3 x \leqq 2$ の解

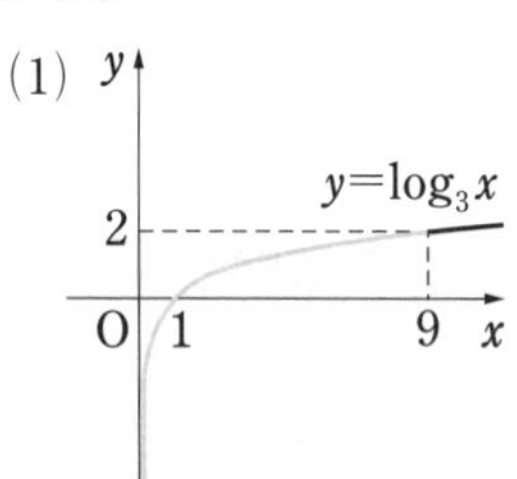

真数は正であるから　$x>0$ …… ①

不等式を変形すると　$\log_3 x \leqq \log_3 9$

底 3 は 1 より大きいから　$x \leqq 9$ …… ②

①，② から　$0<x\leqq 9$

(2) 不等式 $\log_{\frac{1}{3}} x>2$ の解

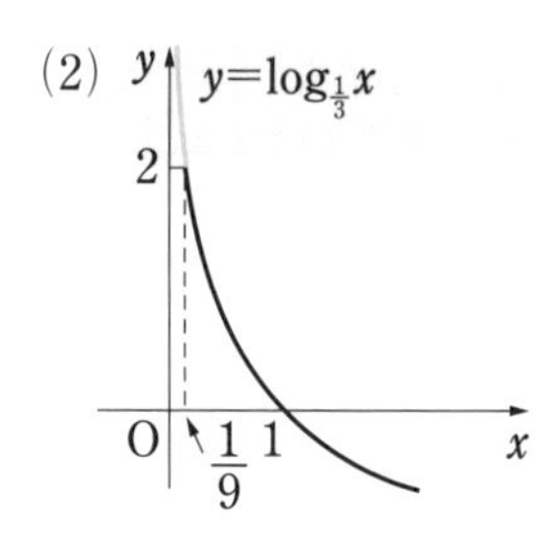

真数は正であるから　$x>0$ …… ①

不等式を変形すると　$\log_{\frac{1}{3}} x>\log_{\frac{1}{3}} \frac{1}{9}$

底 $\frac{1}{3}$ は 1 より小さいから　$x<\frac{1}{9}$ …… ②

①，② から　$0<x<\frac{1}{9}$

例題

方程式 $\log_2 x+\log_2 (x-3)=2$ を解きなさい。

解答　真数は正であるから　$x>0$ かつ $x-3>0$　← 1

すなわち　$x>3$ …… ①

方程式を変形すると　$\log_2 x(x-3)=2$　← 2

よって　$x(x-3)=2^2$　← 3

整理すると　$(x+1)(x-4)=0$

① から　$x=4$　← 4

考えかた

1 真数の条件 (真数)>0 を書き出す。

2 対数の性質を用いて，方程式の左辺を変形する。

3 真数についての方程式を作り，それを解く。

4 1 の真数の条件を満たすか確認する。

練　習　問　題

1　次の空らんをうめなさい。

(1)　方程式 $\log_5(x+1)=2$ の解

対数の定義から　$x+1=5^{ア\square}$　よって　$x={}^{イ}\square$

(2)　不等式 $\log_2 x \leqq 3$ の解

真数は正であるから　$x>0$　…… ①

不等式を変形すると　$\log_2 x \leqq \log_2 2^{ア\square}$

すなわち　$\log_2 x \leqq \log_2 {}^{イ}\square$

底 2 は 1 より大きいから　$x \leqq {}^{イ}\square$　…… ②

①，② から　$0<x \leqq {}^{イ}\square$

2　次の方程式，不等式を解きなさい。

(1)　$\log_2(x+1)+\log_2(x-1)=3$

(2)　$\log_{\frac{1}{3}}(x-2) \geqq 1$

解答➡別冊 p. 17

47 常用対数

1 常用対数

10 を底とする対数 $\log_{10}M$ を 常用対数 といいます。

常用対数表には，$\log_{10}M$ の真数 M の値が，

$1.00,\ 1.01,\ 1.02,\ \cdots\cdots,\ 9.99$

のときの $\log_{10}M$ の近似値が載っています。

右の表はその一部です。この表から，たとえば，次のことがわかります。

数	0	1	2	3
1.0	0.0000	0.0043	0.0086	0.0128
1.1	0.0414	0.0453	0.0492	0.0531
1.2	0.0792	0.0828	0.0864	0.0899
1.3	0.1139	0.1173	0.1206	0.1239
1.4	0.1461	0.1492	0.1523	0.1553

$$\log_{10}1.43=0.1553$$

例　(1)　$\log_{10}1430=\log_{10}(1.43\times10^3)=\log_{10}1.43+\log_{10}10^3$

$=0.1553+3=3.1553$

(2)　$\log_{10}0.143=\log_{10}(1.43\times10^{-1})=\log_{10}1.43+\log_{10}10^{-1}$

$=0.1553-1=-0.8447$

2 常用対数の応用

自然数 N が 3 桁(けた)の数のとき，N は $100\leqq N<1000$ すなわち $10^2\leqq N<10^3$ を満たします。

各辺の常用対数をとると　$\log_{10}10^2\leqq\log_{10}N<\log_{10}10^3$　すなわち　$2\leqq\log_{10}N<3$

逆に，自然数 N が $2\leqq\log_{10}N<3$ を満たすとき，$10^2\leqq N<10^3$ となり，N は 3 桁の数とわかります。このように，常用対数を利用して，累乗の形で表された整数の桁数を調べることができます。

一般に，正の数 N が k 桁の整数であるとき $\boldsymbol{10^{k-1}\leqq N<10^k}$ が成り立ちます。

例題

2^{50} は何桁の整数ですか。ただし，$\log_{10}2=0.3010$ とする。

解答　$\log_{10}2^{50}=50\log_{10}2=50\times0.3010=15.05$　← 1 2

であるから　$15<\log_{10}2^{50}<16$　← 3

$\log_{10}10^{15}<\log_{10}2^{50}<\log_{10}10^{16}$

よって　$10^{15}<2^{50}<10^{16}$

したがって，2^{50} は 16 桁の整数である。

考えかた

1 2^{50} の常用対数をとる。

2 1 で得た常用対数を $\log_{10}2$ で表し，値を求める。

3 $k-1<$(2 の値)$<k$ を満たす正の整数 k の値を求める。

練　習　問　題

1　次の空らんをうめなさい。

(1)　前ページの表から

$$\log_{10}1.12=^{ア}\boxed{}$$

$$\log_{10}11.2=\log_{10}\left(1.12\times{}^{イ}\boxed{}\right)$$

$$=\log_{10}1.12+\log_{10}{}^{イ}\boxed{}={}^{ウ}\boxed{}$$

(2)　$\log_{10}2=0.3010$ とするとき

$$\log_{10}40=\log_{10}\left({}^{ア}\boxed{}\times10\right)$$

$$={}^{イ}\boxed{}\log_{10}2+\log_{10}10$$

$$={}^{ウ}\boxed{}+1={}^{エ}\boxed{}$$

2　$\log_{10}2=0.3010$，$\log_{10}3=0.4771$ とするとき，次の数はそれぞれ何桁の整数であるか答えなさい。

(1)　2^{40}

(2)　3^{50}

解答➡別冊 p. 17

確認テスト

1

次の計算をしなさい。

(1)　$\sqrt[4]{16} \times \sqrt[3]{16} \div \sqrt[12]{16}$

(2)　$3\log_{10}5+\dfrac{3}{2}\log_{10}4$

2

$\log_3 2=a$ とするとき，次の数を a を用いて表しなさい。

(1)　$\log_9 8$

(2)　$\log_4 3$

3

次の数の大小を不等号を用いて表しなさい。

(1)　$\sqrt{2}$，$\sqrt[3]{16}$，$\sqrt[4]{8}$

(2)　$\log_3 5$，$\log_9 30$，1.5

4 次の方程式，不等式を解きなさい。

(1) $2^{x+1}=\frac{1}{8}$

(2) $\log_9(x-2)+\log_9(2x-7)=1$

(3) $2\log_{\frac{1}{3}}(x-3)>\log_{\frac{1}{3}}(x-1)$

5 $\log_{10}2=0.3010$ とするとき，次の問いに答えなさい。

(1) $\log_{10}5$ の値を求めなさい。

(2) 5^{20} は何桁の整数か答えなさい。

解答➡別冊 p. 18

48 平均変化率と微分係数

1 平均変化率

関数 $y=f(x)$ において，x の値が a から b まで変化するとき，

$$\frac{y\text{の変化量}}{x\text{の変化量}}=\frac{f(b)-f(a)}{b-a} \quad \cdots\cdots ①$$

の値を，x の値が a から b まで変化するときの $f(x)$ の 平均変化率 といいます。

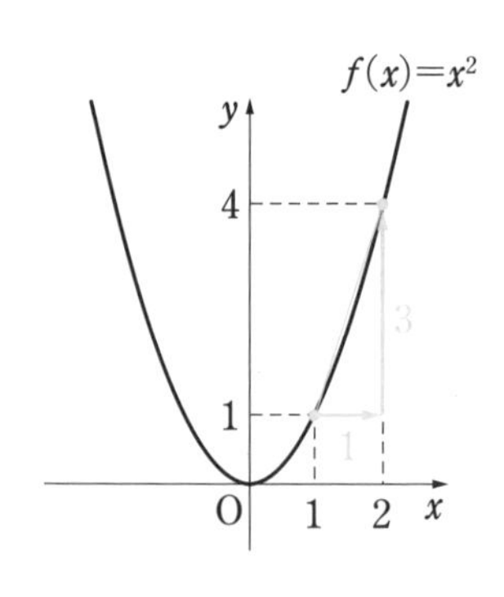

例　関数 $f(x)=x^2$ において，x の値が 1 から 2 まで変化するときの平均変化率は　$\dfrac{f(2)-f(1)}{2-1}=\dfrac{2^2-1^2}{2-1}=3$

① において，$b=a+h$ とすると，次のことが成り立ちます。

> x の値が a から $a+h$ まで変化するときの $f(x)$ の平均変化率は　$\boldsymbol{\dfrac{f(a+h)-f(a)}{h}}$

2 極限値

関数 $f(x)=x^2$ において，x の値が 1 から $1+h$ まで変化するときの平均変化率は

$$\frac{f(1+h)-f(1)}{h}=\frac{(1+h)^2-1}{h}=\frac{2h+h^2}{h}=2+h$$

ここで，h の値が限りなく 0 に近づくとき，$2+h$ の値は限りなく 2 に近づきます。
この値 2 を，h が限りなく 0 に近づくときの $2+h$ の 極限値 といい，記号 lim を用いて $\displaystyle\lim_{h\to 0}(2+h)=2$ のように書きます。

3 微分係数

関数 $f(x)$ の x の値が a から $a+h$ まで変化するときの平均変化率 $\displaystyle\lim_{h\to 0}\frac{f(a+h)-f(a)}{h}$ において，h が 0 に限りなく近づくとき，この平均変化率が一定の値に限りなく近づくならば，その極限値を関数 $f(x)$ の $x=a$ における 微分係数 といい，$f'(a)$ で表します。

> 重要!　$\displaystyle f'(a)=\lim_{h\to 0}\frac{f(a+h)-f(a)}{h}$

たとえば，関数 $f(x)=x^2$ について，$f'(1)=2$ です。

練習問題

1　関数 $f(x)=x^2$ について，次の空らんをうめなさい。

(1)　x の値が 2 から 4 まで変化するときの平均変化率は

$$\frac{f(4)-f(2)}{4-2}=\frac{{}^{ア}\boxed{}^2-{}^{イ}\boxed{}^2}{2}=\frac{{}^{ウ}\boxed{}}{2}={}^{エ}\boxed{}$$

(2)　$x=2$ における微分係数は

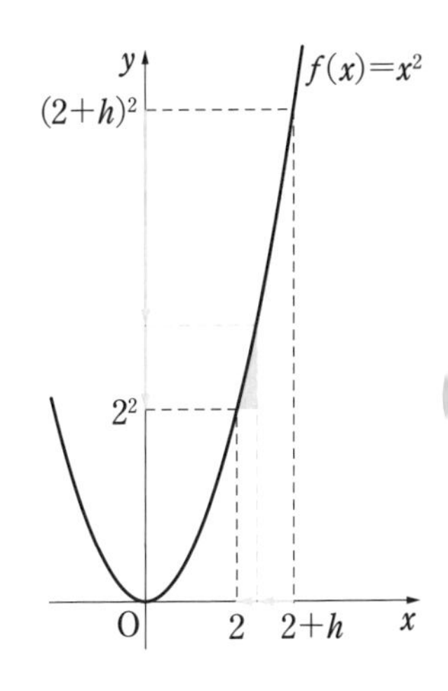

$$f'(2)=\lim_{h\to 0}\frac{f(2+h)-f(2)}{h}$$

$$=\lim_{h\to 0}\frac{\left({}^{ア}\boxed{}\right)^2-{}^{イ}\boxed{}^2}{h}$$

$$=\lim_{h\to 0}\frac{{}^{ウ}\boxed{}}{h}$$

$$=\lim_{h\to 0}\left({}^{エ}\boxed{}\right)={}^{オ}\boxed{}$$

2　関数 $f(x)=x^2$ について，次のものを求めなさい。

(1)　x の値が 0 から 4 まで変化するときの平均変化率

(2)　$x=-1$ における微分係数

解答➡別冊 p. 19

49 導関数

1 導関数

関数 $f(x)=x^2$ の $x=a$ における微分係数 $f'(a)$ は

$$f'(a)=\lim_{h\to0}\frac{f(a+h)-f(a)}{h}=\lim_{h\to0}\frac{(a+h)^2-a^2}{h}$$

$$=\lim_{h\to0}\frac{2ah+h^2}{h}=\lim_{h\to0}(2a+h)=2a$$

$f'(a)=2a$ の値は，a の値によってただ1つに決まります。そこで，a を x でおき換えた式 $f'(x)=2x$ を関数と考え，$f(x)=x^2$ の **導関数**（どうかんすう）といいます。

一般に，関数 $f(x)$ の導関数 $f'(x)$ は，次の式で定義されます。

$$\boldsymbol{f'(x)=\lim_{h\to0}\frac{f(x+h)-f(x)}{h}}$$

← $f'(a)$ の式の a を x でおき換えた式

関数 $y=f(x)$ の導関数は，$\boldsymbol{y'}$，$\boldsymbol{\frac{dy}{dx}}$，$\boldsymbol{\frac{d}{dx}f(x)}$ のように書くこともあります。

例　関数 $f(x)=x$ の導関数は　　$f'(x)=\lim_{h\to0}\frac{(x+h)-x}{h}=\lim_{h\to0}\frac{h}{h}=\lim_{h\to0}1=1$

c を定数とするとき，関数 $f(x)=c$ の導関数は　　$f'(x)=\lim_{h\to0}\frac{c-c}{h}=\lim_{h\to0}0=0$

注　上の $f(x)=c$ のように，一定の値をとる関数を **定数関数** といいます。

一般に，次のことが成り立ちます。

重要!

1　$n=1,\ 2,\ 3,\ \cdots\cdots$ のとき　　$\boldsymbol{(x^n)'=nx^{n-1}}$

2　定数関数 c の導関数は　　$\boldsymbol{(c)'=0}$

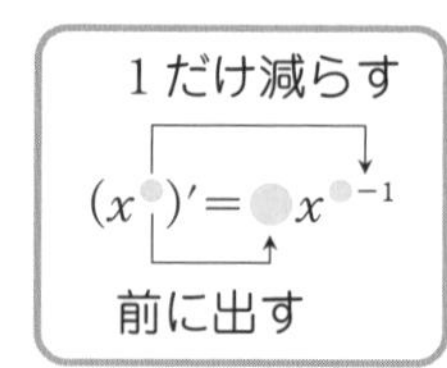

例題

関数 $f(x)=x^3$ の導関数を，定義にしたがって求めなさい。

解答　$f'(x)=\lim_{h\to0}\frac{(x+h)^3-x^3}{h}$　← 1

$$=\lim_{h\to0}\frac{3x^2h+3xh^2+h^3}{h}$$

$$=\lim_{h\to0}(3x^2+3xh+h^2)=3x^2$$

考えかた

1 導関数の定義式

$f'(x)=\lim_{h\to0}\frac{f(x+h)-f(x)}{h}$

に当てはめて求める。

練　習　問　題

1 **次の空らんをうめなさい。**

(1) $(x)'=$ ア $\square$, $(x^2)'=$ イ $\square$, $(x^3)'=$ ウ $\square$

(2) 関数 $f(x)=3x$ の導関数を定義にしたがって求めると

$$f'(x)=\lim_{h\to 0}\frac{f(x+h)-f(x)}{h}=\lim_{h\to 0}\frac{3\left(^{ア}\square\right)-3\,^{イ}\square}{h}$$

$$=\lim_{h\to 0}\frac{3h}{h}=\lim_{h\to 0}\,^{ウ}\square$$

$$=\,^{エ}\square$$

2 **次の関数 $f(x)$ の導関数を，定義にしたがって求めなさい。**

(1) $f(x)=-x$

(2) $f(x)=2x^2$

解答➡別冊 p. 19

50 いろいろな関数の微分

1 導関数の性質

関数 $y=3x^2$ の導関数を定義にしたがって求めると

$$y'=\lim_{h\to 0}\frac{3(x+h)^2-3x^2}{h}=\lim_{h\to 0}3\left\{\frac{(x+h)^2-x^2}{h}\right\}$$

$$=\lim_{h\to 0}3(2x+h)=3\cdot 2x=6x \qquad \leftarrow (x^2)'=2x$$

また，関数 $y=x^2+x$ の導関数を定義にしたがって求めると

$$y'=\lim_{h\to 0}\frac{\{(x+h)^2+(x+h)\}-(x^2+x)}{h}$$

$$=\lim_{h\to 0}\left\{\frac{(x+h)^2-x^2}{h}+\frac{(x+h)-x}{h}\right\}$$

$$=\lim_{h\to 0}(2x+h+1)=2x+1 \qquad \leftarrow (x^2)'=2x,\ (x)'=1$$

これらの結果から，次の等式が成り立つことがわかります。

$$(3x^2)'=3(x^2)', \qquad (x^2+x)'=(x^2)'+(x)'$$

一般に，関数 $f(x)$，$g(x)$ の導関数について，次のことが成り立ちます。

重要！

1 $\{kf(x)\}'=kf'(x)$ ただし，k は定数

2 $\{f(x)+g(x)\}'=f'(x)+g'(x)$

3 $\{f(x)-g(x)\}'=f'(x)-g'(x)$

関数 $f(x)$ からその導関数を求めることを，この関数を x で微分する または単に 微分する といいます。

例題

次の関数を微分しなさい。

(1) $y=4x^2-3x+2$　　(2) $y=(x+5)^2$

解答 (1) $y'=(4x^2-3x+2)'=4(x^2)'-3(x)'+(2)'$ [2]

$=4\cdot 2x-3\cdot 1+0=8x-3$

(2) 右辺を展開すると　$y=x^2+10x+25$ ← [1]

よって　$y'=(x^2)'+10(x)'+(25)'=2x+10$ [2]

考えかた

[1] (2)のように，積で表されているものは展開する。

[2] $(x^n)'=nx^{n-1}$ を用いて各項を微分する。

練 習 問 題

1 次の空らんをうめなさい。

(1) 関数 $y=-x^2+2x+5$ を微分すると

$$y'=(-x^2+2x+5)'$$
$$=-\left(^{ア}\boxed{}\right)'+2\left(^{イ}\boxed{}\right)'+(5)'$$
$$=^{ウ}\boxed{}$$

関数 x^n の導関数

一般に，$n=1$, 2, 3, …… のとき

$$(x^n)'=nx^{n-1}$$

(2) 関数 $y=2x^2(x-3)$ を微分すると

$$y'=\{2x^2(x-3)\}'=\left(2x^3-^{ア}\boxed{}\right)'$$
$$=(2x^3)'-\left(^{ア}\boxed{}\right)'$$
$$=^{イ}\boxed{}$$

2 次の関数を微分しなさい。

(1) $y=2x^2-4x+3$

(2) $y=\frac{1}{3}x^3-\frac{1}{2}x^2-x+1$

(3) $y=(2x-1)(3x+2)$

解答➡別冊 p. 19

51 接線

1 接線

関数 $y=f(x)$ において，x の値が a から $a+h$ まで変化するときの平均変化率は，関数 $y=f(x)$ のグラフ上の 2 点

$$\mathrm{A}(a,\ f(a)),\quad \mathrm{P}(a+h,\ f(a+h))$$

を通る直線 AP の傾きを表しています。

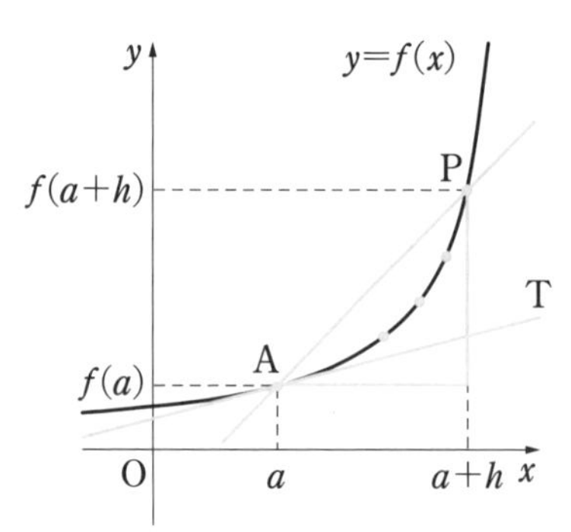

ここで，h を限りなく 0 に近づけると，点 P はグラフ上を動きながら点 A に限りなく近づきます。

このとき，直線 AP の傾きを表す平均変化率は微分係数 $f'(a)$ に近づくので，直線 AP は点 A を通る傾きが $f'(a)$ の直線 AT に限りなく近づきます。

この直線 AT を，関数 $y=f(x)$ のグラフ上の点 A における **接線** といい，点 A をこの接線の **接点** といいます。

点 $(a,\ b)$ を通り，傾きが m である直線の方程式は

$$y-b=m(x-a)$$ ← p. 46 1 参照

と表されることから，接線について，次のことが成り立ちます。

> **重要！ グラフ上の点における接線の方程式**
>
> 関数 $y=f(x)$ のグラフ上の点 $(a,\ f(a))$ における接線の方程式は
>
> $$\boldsymbol{y-f(a)=f'(a)(x-a)}$$

例題

関数 $y=x^2+1$ のグラフ上の点 $(1,\ 2)$ における接線の方程式を求めなさい。

解答 $f(x)=x^2+1$ とおくと

$$f'(x)=2x \quad ←1$$

であるから，点$(1,\ 2)$ における接線の傾きは

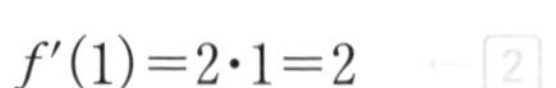

$$f'(1)=2\cdot1=2 \quad ←2$$

よって，接線の方程式は

$$y-2=2(x-1) \quad ←3$$

すなわち　$y=2x$

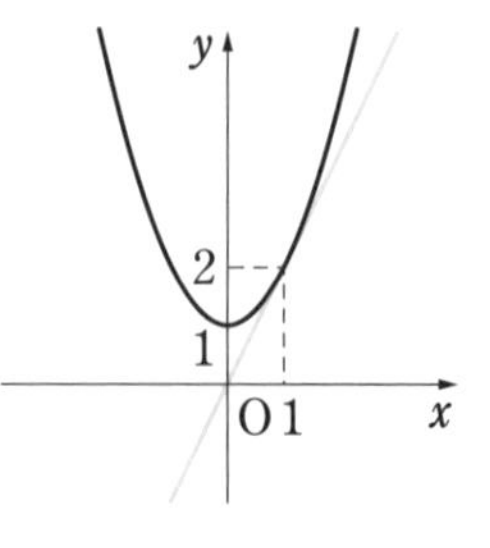

考えかた

1 $y=f(x)$ とし，導関数 $f'(x)$ を求める。

2 接線の傾き $f'(1)$ を求める。

3 接線の方程式の公式に当てはめる。

練　習　問　題

1 **次の空らんをうめなさい。**

放物線 $y=x^2-3$ について，$y=f(x)$ とおくと

$$f'(x)=^{ア}\boxed{}$$

この放物線上の点 $(-1,\ -2)$ における接線の傾きは

$$f'(-1)=^{イ}\boxed{}$$

よって，点 $(-1,\ -2)$ における接線の方程式は

$$y-\left(^{ウ}\boxed{}\right)=^{イ}\boxed{}\left\{x-\left(^{エ}\boxed{}\right)\right\}$$

すなわち　　$y=^{オ}\boxed{}$

2 **次の関数のグラフ上の，与えられた点における接線の方程式を求めなさい。**

(1)　$y=x^2-x$，$(1,\ 0)$

(2)　$y=x^2+4x+5$，$(-3,\ 2)$

解答➡別冊 p. 19

52 関数の増減

1 導関数の符号と関数の増減

関数 $f(x)=x^2$ のグラフ上の点 $\mathrm{P}(a,\ a^2)$ における接線の傾きは　$f'(a)=2a$　です。
この関数の増減は，接線の傾きを用いて，次のように説明することができます。

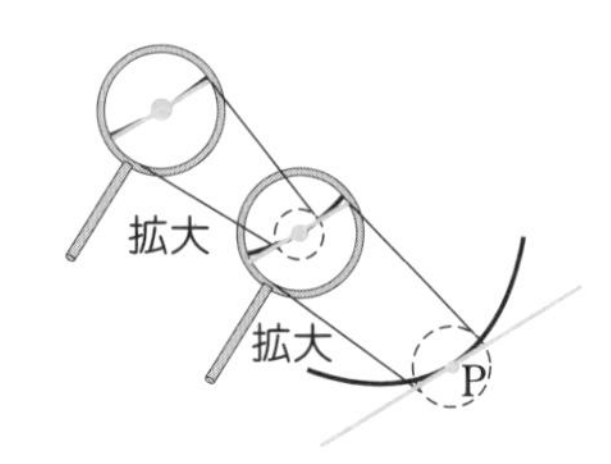

グラフ上の1点Pに近いところでは，グラフはPにおける接線とほぼ一致しているとみなすことができます。

[1]　$a<0$ のとき　　$f'(a)=2a<0$

このとき，点Pにおける接線は右下がりで，グラフも右下がりです。

すなわち，関数 $y=f(x)$ は $x<0$ で減少します。

[2]　$a>0$ のとき　　$f'(a)=2a>0$

このとき，点Pにおける接線は右上がりで，グラフも右上がりです。

すなわち，関数 $y=f(x)$ は $x>0$ で増加します。

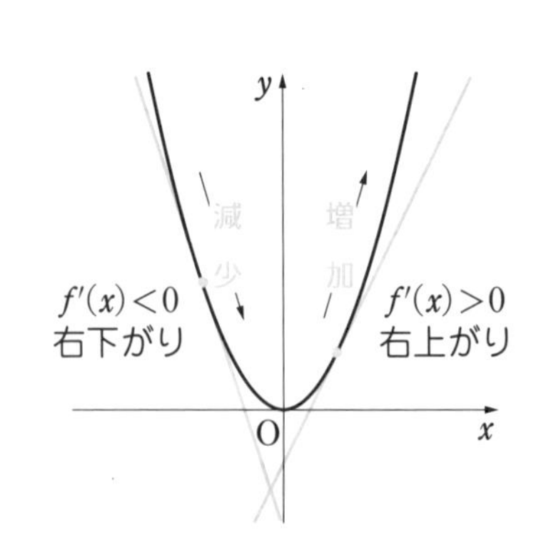

一般に，関数の増減と導関数の符号について，次のことが成り立ちます。

> 関数 $y=f(x)$ は，$f'(x)>0$ となる x の値の範囲で 増加 し，
> $f'(x)<0$ となる x の値の範囲で 減少 する。

例題

関数 $f(x)=x^3-3x^2+2$ の増減を調べなさい。

解答　$f'(x)=3x^2-6x=3x(x-2)$　← 1

$f'(x)=0$ とすると　　$x=0,\ 2$　← 2

$f'(x)>0$ となる x の値の範囲は　　$x<0,\ 2<x$

$f'(x)<0$ となる x の値の範囲は　　$0<x<2$

$f(x)$ の増減は，次の表のようになる。　← 3

x	……	0	……	2	……
$f'(x)$	+	0	−	0	+
$f(x)$	↗	2	↘	−2	↗

考えかた

1 導関数 $f'(x)$ を求める。

2 方程式 $f'(x)=0$ の実数解を求める。

3 増減表を作り，$f'(x)$ の符号を調べる。

例題で示したような表を 増減表 といいます。
表の中の記号 ↗ は増加を表し，↘ は減少を表します。

練　習　問　題

1　次の空らんをうめて，関数 $f(x)=-x^3+3x$ の増減を調べなさい。

$$f'(x)=-3x^2+3=-3(x^2-1)$$
$$=-3(x+1)(x-1)$$

$f'(x)=0$ とすると　　$x=-1,\ 1$

$f'(x)>0$ となる x の値の範囲は　ア［　　　］

$f'(x)<0$ となる x の値の範囲は　イ［　　　］

$f(x)$ の増減は，次の表のようになる。

x	……	-1	……	1	……
$f'(x)$	ウ［　　］	0	エ［　　］	0	オ［　　］
$f(x)$	カ［　　］	-2	キ［　　］	2	ク［　　］

2　次の関数の増減を調べ，増減表にまとめなさい。

(1)　$f(x)=x^2-4x+5$

(2)　$f(x)=x^3+3x^2-9x$

解答➡別冊 p. 19

53 関数の極大・極小

1 関数の極大・極小

関数 $f(x)$ が，$x=a$ を境目として，増加から減少に移るとき，$f(x)$ は $x=a$ で 極大（きょくだい） であるといい，$f(a)$ を 極大値 といいます。

また，関数 $f(x)$ が，$x=b$ を境目として，減少から増加に移るとき，$f(x)$ は $x=b$ で 極小（きょくしょう） であるといい，$f(b)$ を 極小値 といいます。

たとえば，p. 116 の例題の関数 $f(x)$ は，

$x=0$ で極大値 2，$x=2$ で極小値 -2

をとることがわかります。

x	……	0	……	2	……
$f'(x)$	$+$	0	$-$	0	$+$
$f(x)$	↗	2	↘	-2	↗
	増加	極大	減少	極小	増加

極大値と極小値をまとめて 極値 といいます。

1 関数 $f(x)$ が $x=a$ で極値をとるとき　$f'(a)=0$

2 $f'(x)$ の符号が，正から負に変わる x の値で $f(x)$ は 極大 であり，
負から正に変わる x の値で $f(x)$ は 極小 である。

注　$f'(a)=0$ であっても，$x=a$ で極値をとるとは限りません。

例題

関数 $y=2x^3+3x^2+1$ の極値を求め，グラフをかきなさい。

解答

$y'=6x^2+6x=6x(x+1)$

$y'=0$ とすると　$x=0,\ -1$ ← 1

y の増減表は次のようになる。← 2

x	……	-1	……	0	……
y'	$+$	0	$-$	0	$+$
y	↗	極大 2	↘	極小 1	↗

よって，

$x=-1$ で極大値 2 をとり，

$x=0$　で極小値 1 をとる。

また，グラフは右の図のようになる。← 3

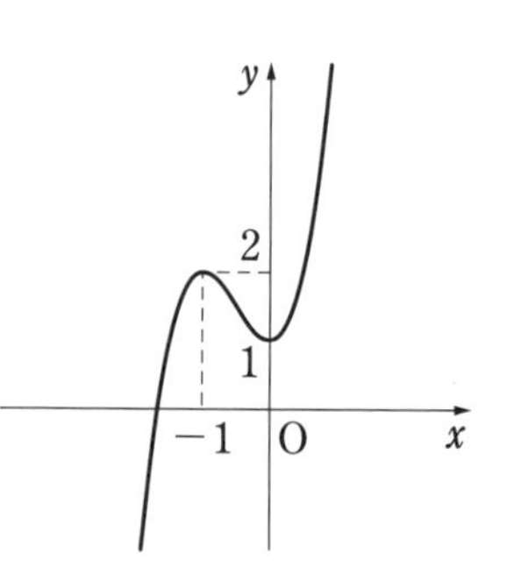

考えかた

1 導関数 y' を求め，方程式 $y'=0$ の実数解を求める。

2 1 で求めた値の前後で，y' の符号の変化を調べ，増減表をつくる。

3 増減表をもとに，極値を求め，グラフをかく。

練　習　問　題

1　関数 $y=x^3+1$ について，次の空らんをうめなさい。

$y'=$ ア［　　］

$y'=0$ とすると　　$x=0$

y の増減表は次のようになる。

x	……	0	……
y'	イ［　　］	0	ウ［　　］
y	エ［　　］	1	オ［　　］

よって，この関数は常に カ［　　］ する。

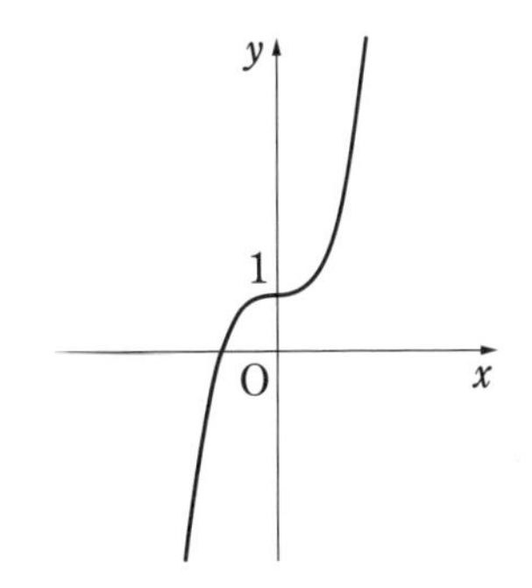

$f'(a)=0$ であっても $f(x)$ が $x=a$ で極値をとるとは限らない。

2　次の関数に極値があれば，それを求めなさい。また，グラフをかきなさい。

(1)　$y=-x^3+3x^2-2$

(2)　$y=x^3+3x^2+3x+1$

解答➡別冊 p. 20

54 関数の最大・最小

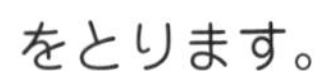

1 関数の最大・最小

関数の増減を調べることで，関数の最大値，最小値を求めることができます。

関数 $y=f(x)$ $(a \leqq x \leqq b)$ のグラフが，右の図のようになるとき，この関数は

$x=\alpha$ で極大値，$x=\beta$ で極小値

$x=b$ で最大値，$x=\beta$ で最小値

をとります。

このように，極大値，極小値が，それぞれ最大値，最小値になるとは限りません。

一般に，定義域が制限された関数の最大値，最小値を求めるには，極値と定義域の端における関数の値との大小を調べる必要があります。

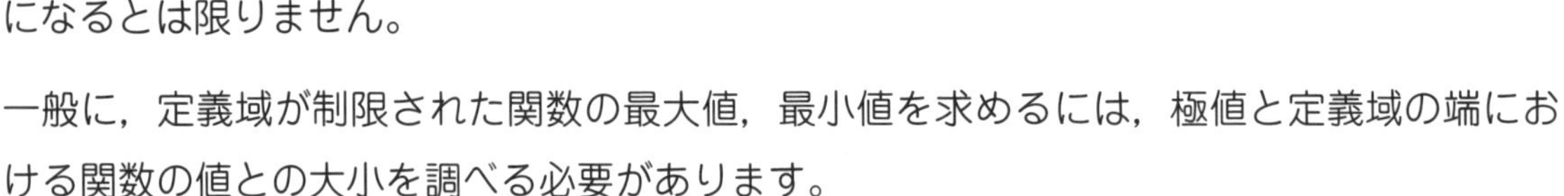

例題

関数 $y=x^3-3x^2+6$ $(-2 \leqq x \leqq 3)$ の最大値，最小値を求めなさい。

解答　$y'=3x^2-6x=3x(x-2)$　1

$y'=0$ とすると　$x=0,\ 2$

$-2 \leqq x \leqq 3$ における y の増減表は次のようになる。2

x	-2	……	0	……	2	……	3
y'		$+$	0	$-$	0	$+$	
y	-14	↗	極大 6	↘	極小 2	↗	6

よって，関数 y は

$x=0,\ 3$ で最大値　6　をとり，

$x=-2$　で最小値 -14 をとる。3

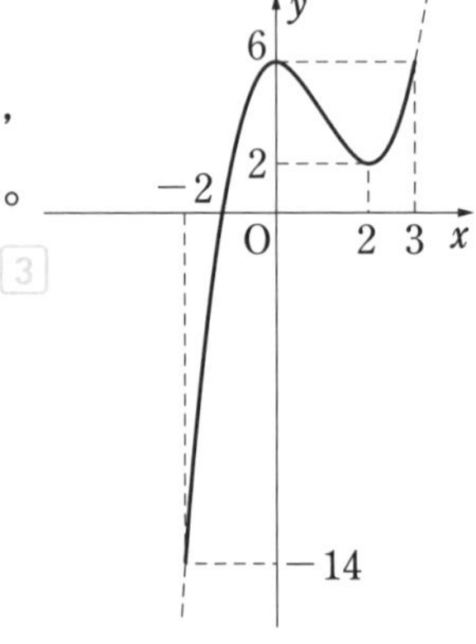

考えかた

1 導関数 y' を求め，方程式 $y'=0$ の実数解を求める。

2 定義域の範囲で，増減表をつくる。

3 増減表またはグラフから，最大値，最小値を求める。

極値と定義域の端における関数の値に注目する。

練 習 問 題

1 **関数 $y=-x^3+3x+1$ $(-3 \leqq x \leqq 2)$ について，次の空らんをうめなさい。**

$$y'=-3x^2+3=-3(x^2-1)=-3(x+1)(x-1)$$

$y'=0$ とすると　　$x=-1,\ 1$

$-3 \leqq x \leqq 2$ における y の増減表は次のようになる。

x	-3	……	-1	……	1	……	2
y'		$-$	0	$+$	0	$-$	
y	ア□	↘	極小 イ□	↗	極大 ウ□	↘	エ□

よって，関数 y は

$x=$ オ□ で最大値 カ□ をとり，

$x=$ キ□ で最小値 ク□ をとる。

2 **関数 $y=x^3-12x+3$ $(-3 \leqq x \leqq 3)$ の最大値，最小値を求めなさい。**

解答➡別冊 p. 20

55 方程式，不等式への応用

1 関数のグラフと方程式，不等式

関数の増減やグラフを利用して，方程式や不等式の問題について考えることができます。

例題

次の問いに答えなさい。

(1) 方程式 $x^3-3x+1=0$ の異なる実数解の個数を求めなさい。

(2) $x \geqq 0$ のとき，不等式 $2x^3-3x^2+1 \geqq 0$ を証明しなさい。

解答　(1) $f(x)=x^3-3x+1$ とおくと

$$f'(x)=3x^2-3=3(x+1)(x-1)$$

$f'(x)=0$ とすると　　$x=-1,\ 1$

$f(x)$ の増減表は次のようになる。 ← 1

x	……	-1	……	1	……
$f'(x)$	$+$	0	$-$	0	$+$
$f(x)$	↗	極大 3	↘	極小 -1	↗

関数 $f(x)=x^3-3x+1$ のグラフは右の図のようになり，グラフと x 軸は異なる 3 点で交わる。 ← 2

よって，方程式 $x^3-3x+1=0$ の異なる実数解の個数は　3 個

考えかた

1 左辺の式を x の関数 $f(x)$ と考えて，$f(x)$ の増減を調べる。

2 $y=f(x)$ のグラフをかいて，グラフと x 軸の共有点の個数を調べる。

(2) $f(x)=2x^3-3x^2+1$ とおくと

$$f'(x)=6x^2-6x=6x(x-1)$$

$f'(x)=0$ とすると　　$x=0,\ 1$

$x \geqq 0$ における $f(x)$ の増減表は次のようになる。 1

x	0	……	1	……
$f'(x)$		$-$	0	$+$
$f(x)$	1	↘	極小 0	↗

$x \geqq 0$ において，関数 $f(x)$ は，$x=1$ で最小値 0 をとる。

よって，$x \geqq 0$ のとき，$f(x) \geqq 0$

であるから　$2x^3-3x^2+1 \geqq 0$　2

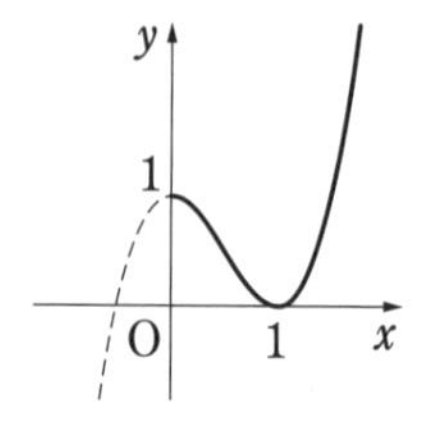

考えかた

1 左辺の式を x の関数 $f(x)$ と考えて，$x \geqq 0$ における $f(x)$ の増減を調べる。

2 $x \geqq 0$ における $f(x)$ の最小値を求め，(最小値) $\geqq 0$ を示す。

練　習　問　題

1　**次の空らんをうめなさい。**

関数 $y=f(x)$ のグラフは，右の図のようであるとする。
このとき，方程式 $f(x)=0$ の異なる実数解の個数は
ア［　　］個である。
このうち，正の解は イ［　　］個，負の解は ウ［　　］個ある。

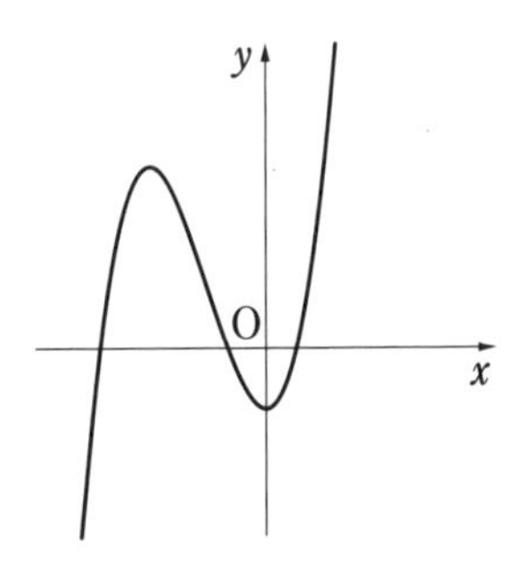

2　**次の問いに答えなさい。**

(1)　方程式 $x^3+3x^2-6=0$ の異なる実数解の個数を求めなさい。

(2)　$x \geqq 0$ のとき，不等式 $x^3 \geqq 12x-16$ を証明しなさい。また，等号が成り立つのは，どのようなときか答えなさい。

解答➡別冊 p. 20

56 不定積分

1 不定積分

関数 x^2，x^2-1，x^2+3 を微分すると，どれも $2x$ になります。
微分して $f(x)$ になる関数を，$f(x)$ の 不定積分 といいます。
x^2，x^2-1，x^2+3 はどれも，$2x$ の不定積分です。
一般に，$F'(x)=f(x)$ であるとき，$f(x)$ の不定積分は

$F(x)+C$　　C は定数

の形にまとめて表すことができます。

x^2+C $\underset{\text{積分する}}{\overset{\text{微分する}}{\rightleftarrows}}$ $2x$

関数 $f(x)$ の不定積分を求めることを，積分する といい，C を 積分定数 といいます。
$f(x)$ の不定積分を記号で $\int f(x)dx$ と書きます。

重要！ $F'(x)=f(x)$ のとき　　$\displaystyle\int f(x)dx=F(x)+C$　　C は積分定数

x^n の不定積分について，次のことが成り立ちます。

重要！ $n=0,\ 1,\ 2,\ \cdots\cdots$ のとき

$$\int x^n dx=\frac{x^{n+1}}{n+1}+C \qquad C \text{ は積分定数}$$

$(x)'=1$ から　$\int 1\,dx=x+C$

$\left(\dfrac{x^2}{2}\right)'=x$ から　$\int x\,dx=\dfrac{x^2}{2}+C$

$\left(\dfrac{x^3}{3}\right)'=x^2$ から　$\int x^2dx=\dfrac{x^3}{3}+C$

$\int 1\,dx$ は，$\int dx$ と書く。

今後は，特に断らなくても，C は積分定数を表すものとします。

2 不定積分の性質

関数の定数倍，和，差の不定積分について，次の公式が成り立ちます。

重要！ $F'(x)=f(x)$，$G'(x)=g(x)$ のとき

1 $\displaystyle\int kf(x)dx=kF(x)+C$　　ただし，k は定数

2 $\displaystyle\int \{f(x)+g(x)\}dx=F(x)+G(x)+C$

3 $\displaystyle\int \{f(x)-g(x)\}dx=F(x)-G(x)+C$

例 $\displaystyle\int (3x^2-6x+2)dx=3\cdot\frac{x^3}{3}-6\cdot\frac{x^2}{2}+2\cdot x+C=x^3-3x^2+2x+C$

練　習　問　題

1　次の空らんをうめなさい。

(1) $\int(-4x)dx=-4\cdot$ ア$\square$ $+C=$ イ$\square$ $+C$

(2) $\int(2x^2+3)dx=2\cdot$ ア$\square$ $+$ イ$\square$ $+C$

$=$ ウ$\square$ $+C$

1だけ増やす

$\int x^{\bullet}dx=\frac{x^{\bullet+1}}{\bullet+1}+C$

1だけ増やして分母に

2　次の不定積分を求めなさい。

(1) $\int(2x-5)dx$

(2) $\int(3x^2+8x)dx$

(3) $\int(6x^2+2x-1)dx$

(4) $\int(4x^2+3x-1)dx$

(5) $\int(x-1)(x+3)dx$

(5)のように，被積分関数が積で表されているものは展開する。

解答➡別冊 p. 21

57 定積分

1 定積分

関数 $f(x)$ の不定積分の 1 つを $F(x)$ とし，a，b を実数とします。
このとき，$F(b)-F(a)$ の値を，$f(x)$ の a から b までの 定積分 といい，記号で

$\int_a^b f(x)dx$ と書きます。また，$F(b)-F(a)$ を $\Big[F(x)\Big]_a^b$ とも書きます。

定積分 $\int_a^b f(x)dx$ において，a を 下端（かたん），b を 上端（じょうたん） といいます。

重要！　$F'(x)=f(x)$ のとき　$\displaystyle\int_a^b f(x)dx=\Big[F(x)\Big]_a^b=F(b)-F(a)$

たとえば，関数 $f(x)=2x$ の任意の不定積分は $F(x)=x^2+C$ で，a から b までの定積分は

$$\Big[x^2+C\Big]_a^b=(b^2+C)-(a^2+C)$$
$$=b^2-a^2$$

となり，積分定数 C と無関係な値になります。
一般に，定積分の値は，不定積分の選び方とは無関係です。

例　(1)　$\displaystyle\int_1^2 x\,dx=\left[\frac{x^2}{2}\right]_1^2=\frac{2^2}{2}-\frac{1^2}{2}=\frac{3}{2}$

(2)　$\displaystyle\int_{-1}^0 x^2\,dx=\left[\frac{x^3}{3}\right]_{-1}^0=\frac{0^3}{3}-\frac{(-1)^3}{3}=\frac{1}{3}$

例題

定積分 $\displaystyle\int_{-1}^3 (x^2+2x-3)dx$ を求めなさい。

解答　$\displaystyle\int_{-1}^3 (x^2+2x-3)dx \overset{1}{=} \left[\frac{x^3}{3}+x^2-3x\right]_{-1}^3$

$\displaystyle\overset{2}{=}\left(\frac{3^3}{3}+3^2-3\cdot3\right)-\left\{\frac{(-1)^3}{3}+(-1)^2-3\cdot(-1)\right\}$

$\displaystyle=9-\frac{11}{3}=\frac{16}{3}$

考えかた

1 不定積分 $F(x)$ を求める。$F(x)$ の定数項は 0 とする。

2 F(上端)$-F$(下端) を計算する。

練　習　問　題

1　次の空らんをうめなさい。

(1)　$\displaystyle\int_1^5 dx=\Big[x\Big]_1^5={}^{ア}\boxed{}-{}^{イ}\boxed{}={}^{ウ}\boxed{}$

(2)　$\displaystyle\int_0^3 2x\,dx=\Big[x^2\Big]_0^3={}^{ア}\boxed{}^2-{}^{イ}\boxed{}^2={}^{ウ}\boxed{}$

1だけ増やす

$\displaystyle\int x^{\bullet}\,dx=\frac{x^{\bullet+1}}{\bullet+1}+C$

1だけ増やして分母に

2　次の定積分を求めなさい。

(1)　$\displaystyle\int_1^3 (4x-3)dx$

(2)　$\displaystyle\int_{-1}^2 (3x^2-2x+1)dx$

(3)　$\displaystyle\int_{-2}^2 (x^2+x-2)dx$

解答➡別冊 p. 21

58 定積分の性質

1 定積分の性質

不定積分と同じように，定積分の定数倍，和，差について，次の公式が成り立ちます。

重要！

1 $\displaystyle\int_a^b kf(x)dx=k\int_a^b f(x)dx$　　ただし，k は定数

2 $\displaystyle\int_a^b \{f(x)+g(x)\}dx=\int_a^b f(x)dx+\int_a^b g(x)dx$

3 $\displaystyle\int_a^b \{f(x)-g(x)\}dx=\int_a^b f(x)dx-\int_a^b g(x)dx$

例

$$\int_1^3 (x^2-3x)dx=\int_1^3 x^2dx-3\int_1^3 xdx$$
$$=\left[\frac{x^3}{3}\right]_1^3-3\left[\frac{x^2}{2}\right]_1^3$$
$$=\frac{3^3-1^3}{3}-3\cdot\frac{3^2-1^2}{2}$$
$$=\frac{26}{3}-12=-\frac{10}{3}$$

p. 126 の例題のように計算してもよいが，
項別に計算した方が計算しやすい場合もある。

2 定積分と微分法

関数 $f(t)$ に対して，$F'(t)=f(t)$ とします。a を定数とすると

$$\int_a^x f(t)dt=\Big[F(t)\Big]_a^x=F(x)-F(a)$$

← $F(x)$ は x の関数，$F(a)$ は定数

であるから，a から x までの定積分 $\displaystyle\int_a^x f(t)dt$ は x の関数になります。

この関数を x で微分すると，$F'(x)=f(x)$，$F'(a)=0$ であることから

$$\frac{d}{dx}\int_a^x f(t)dt=\{F(x)-F(a)\}'=f(x)$$

したがって，次のことが成り立ちます。

$$\boldsymbol{\frac{d}{dx}\int_a^x f(t)dt=f(x)}$$

このことは，$\displaystyle\int_a^x f(t)dt$ が $f(x)$ の不定積分の1つであることを示しています。

例　a を定数とするとき，関数 $\displaystyle\int_a^x (t^2-3t+2)dt$ を x で微分すると

$$\frac{d}{dx}\int_a^x (t^2-3t+2)dt=x^2-3x+2$$

練習問題

1 **次の空らんをうめなさい。**

(1) $\displaystyle\int_1^2(3x+4)dx=3\int_1^2{}^{ア}\boxed{}\,dx+4\int_1^2dx=3\left[{}^{イ}\boxed{}\right]_1^2+4\Big[x\Big]_1^2$

$\displaystyle=3\cdot\frac{2^2-1^2}{{}^{ウ}\boxed{}}+4(2-1)={}^{エ}\boxed{}$

(2) $\displaystyle\int_{-2}^{x}(3t^2-t+2)dt$ を x で微分すると

$\displaystyle\frac{d}{dx}\int_{-2}^{x}(3t^2-t+2)dt={}^{ア}\boxed{}$

2 **定積分の公式を用いて，次の定積分を求めなさい。**

(1) $\displaystyle\int_{-1}^{3}(x^2-4x+2)dx$

(2) $\displaystyle\int_0^2(x^2-x+1)dx+\int_0^2(2x^2+x-3)dx$

積分区間が同じであることに注目。被積分関数を1つにまとめる。
(→ 1 定積分の性質 2)

解答➡別冊 p. 21

59 定積分と面積 (1)

1 定積分と面積 (1)

関数 $f(x)=2x$ のグラフについて，右の図の三角形の面積を $S(x)$ とすると

$$S(x)=\frac{1}{2}\cdot x\cdot 2x=x^2$$

$S(x)$ を x で微分すると，$S'(x)=2x$ であることから

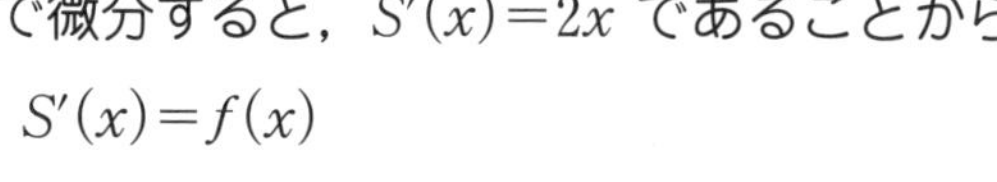

$$S'(x)=f(x)$$

が成り立ちます。

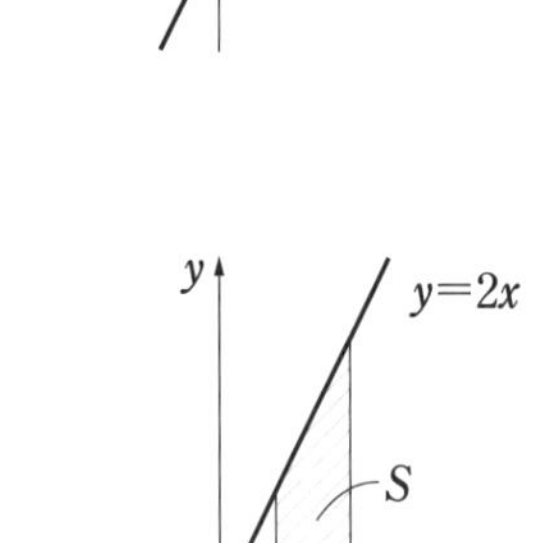

また，右の図の斜線部分の面積 S は $S(b)-S(a)$ で表され，次のことがいえます。

$$S=\Big[S(x)\Big]_a^b=\int_a^b S'(x)dx$$

$$=\int_a^b f(x)dx$$

一般に，曲線 $y=f(x)$ について，次のことが成り立ちます。

重要！　$a\leqq x\leqq b$ の範囲で常に $f(x)\geqq 0$ のとき，曲線 $y=f(x)$ と x 軸，および 2 直線 $x=a$，$x=b$ で囲まれた部分の面積 S は

$$\boldsymbol{S=\int_a^b f(x)dx}$$

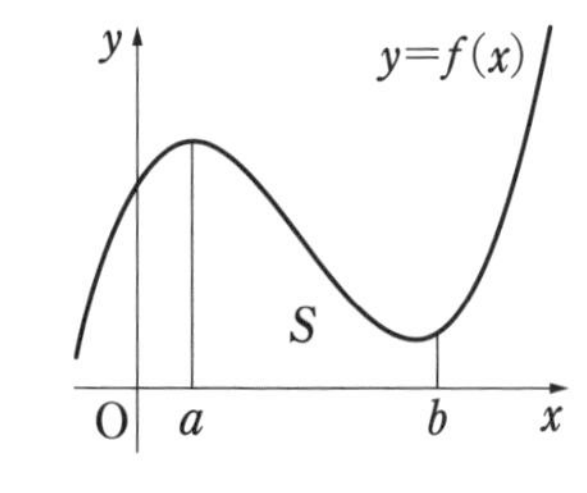

例題

放物線 $y=x^2+1$ と x 軸，および 2 直線 $x=-2$，$x=1$ で囲まれた部分の面積 S を求めなさい。

解答　$-2\leqq x\leqq 1$ では $y>0$ であるから　←1

$$S=\int_{-2}^{1}(x^2+1)dx=\left[\frac{x^3}{3}+x\right]_{-2}^{1}$$

$$=\left(\frac{1}{3}+1\right)-\left(-\frac{8}{3}-2\right)$$

$$=6$$　←2

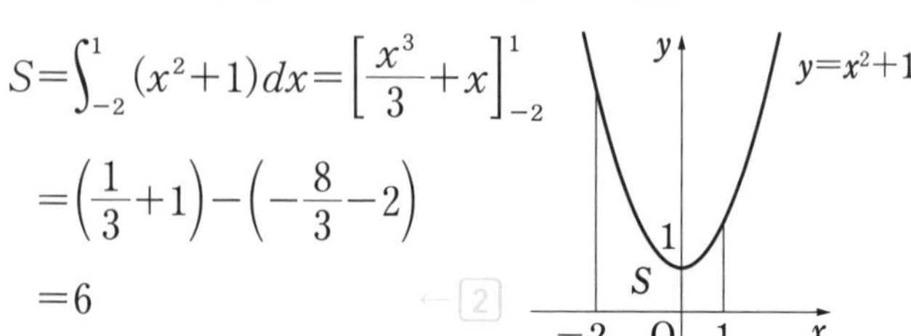

考えかた

1　$-2\leqq x\leqq 1$ における y の符号を調べる。

2　定積分を計算して面積 S を求める。

練　習　問　題

1　次の空らんをうめて，放物線 $y=-x^2+4$ と x 軸，および 2 直線 $x=1$，$x=-1$ で囲まれた部分の面積 S を求めなさい。

$-1 \leqq x \leqq 1$ では $y>0$ であるから

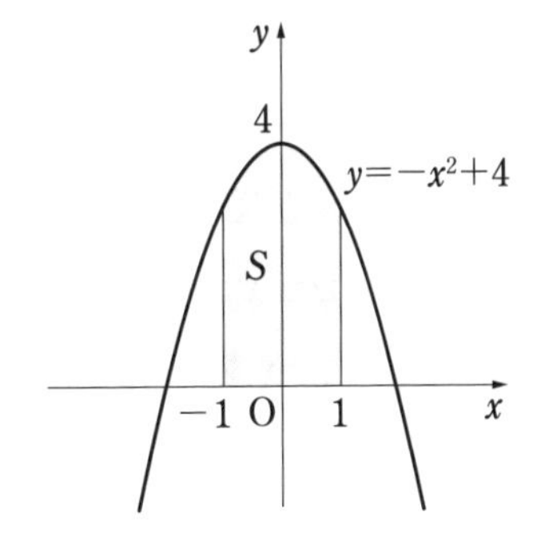

$$S=\int_{-1}^{1}(-x^2+4)dx$$

$$=\left[{}^{ア}\boxed{}+4x\right]_{-1}^{1}$$

$$=\left({}^{イ}\boxed{}+4\right)-\left({}^{ウ}\boxed{}-4\right)$$

$$={}^{エ}\boxed{}$$

2　次の放物線と x 軸，および与えられた 2 直線で囲まれた部分の面積 S を求めなさい。

(1)　$y=x^2+2$，$x=-1$，$x=2$

(2)　$y=(x-1)^2$，$x=0$，$x=4$

解答➡別冊 p. 22

60 定積分と面積 (2)

1 定積分と面積 (2)

曲線 $y=f(x)$ と曲線 $y=-f(x)$ は，x 軸に関して対称です。
右の図の面積 S は，曲線 $y=-f(x)$ と x 軸，および 2 直線 $x=a$，$x=b$ で囲まれた部分の面積に等しくなります。
よって，$a \leqq x \leqq b$ の範囲で常に $f(x) \leqq 0$ であるとき，曲線 $y=f(x)$ と x 軸，および 2 直線 $x=a$，$x=b$ で囲まれた部分の面積 S は　　$\boldsymbol{S=\int_a^b \{-f(x)\}\,dx}$

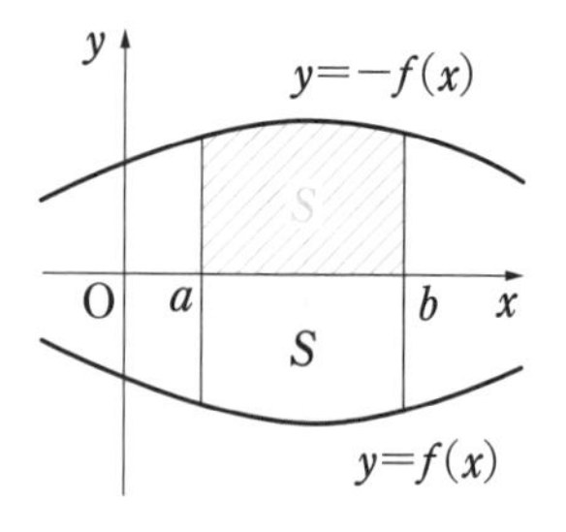

2 2 つの曲線の間の面積

2 つの曲線にはさまれた部分の面積について，次のことが成り立ちます。

$a \leqq x \leqq b$ の範囲で常に $f(x) \geqq g(x)$ であるとき，
2 つの曲線 $y=f(x)$，$y=g(x)$ と 2 直線 $x=a$，
$x=b$ で囲まれた部分の面積 S は

$$\boldsymbol{S=\int_a^b \{f(x)-g(x)\}\,dx}$$

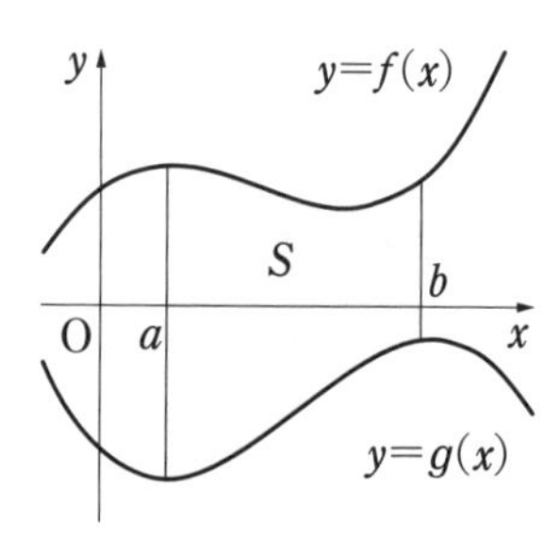

$f(x)$，$g(x)$ は負の値をとってもよい。

例題

放物線 $y=x^2-1$ と直線 $y=x+1$ で囲まれた部分の面積 S を求めなさい。

解答　放物線と直線の交点の x 座標は，方程式 $x^2-1=x+1$ を解いて　　$x=-1,\ 2$　← 1

よって，求める面積 S は，図から　← 2

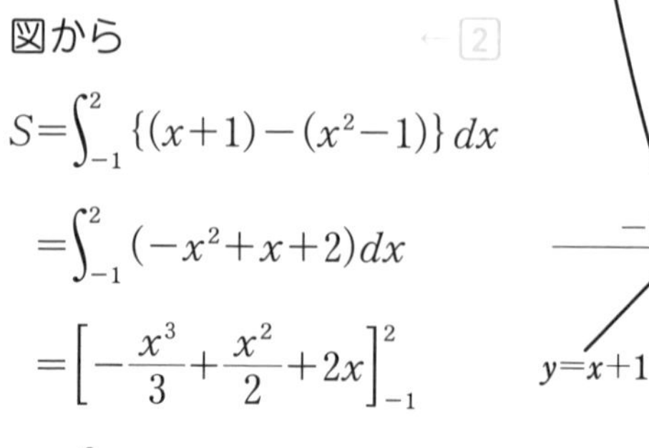

$$S=\int_{-1}^{2} \{(x+1)-(x^2-1)\}\,dx$$

$$=\int_{-1}^{2} (-x^2+x+2)\,dx$$

$$=\left[-\frac{x^3}{3}+\frac{x^2}{2}+2x\right]_{-1}^{2}$$

$$=\frac{9}{2}$$　← 3

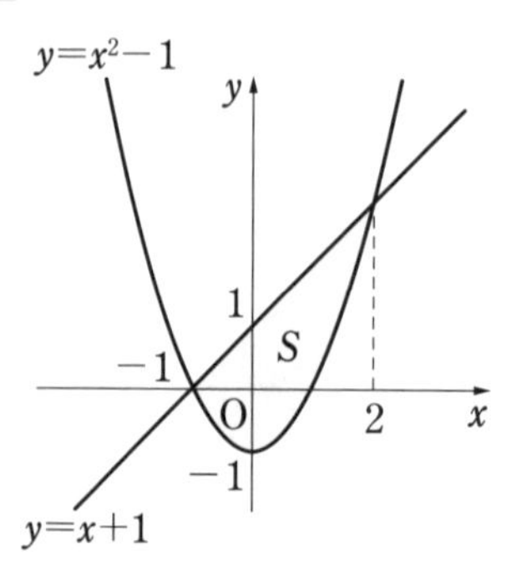

考えかた

1 放物線と直線の交点の x 座標を求め，積分する範囲を決める。

2 1 で決めた区間における放物線と直線の上下関係を調べる。

3 定積分を計算して面積を求める。

練　習　問　題

1 次の空らんをうめて，放物線 $y=x^2-2x$ と x 軸で囲まれた部分の面積 S を求めなさい。

放物線と x 軸の交点の x 座標は，方程式 $x^2-2x=0$ を解いて　　$x=0,\ 2$

$0 \leqq x \leqq 2$ では y ア□ 0 であるから

$$S=-\int_0^2(x^2-2x)dx$$

$$=-\left[\text{イ}\square-x^2\right]_0^2$$

$$=-\left\{\left(\text{ウ}\square-4\right)-0\right\}$$

$$=\text{エ}\square$$

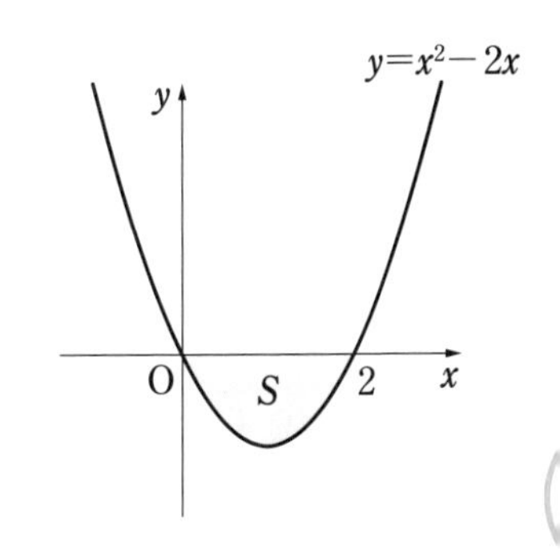

2 次の放物線と直線で囲まれた部分の面積 S を求めなさい。

(1)　$y=x^2-2x-8$，x 軸

(2)　$y=-x^2+2x+3$，$y=2x-1$

解答➡別冊 p. 22

確認テスト

1 次の関数を微分しなさい。

(1)　$y=\frac{2}{3}x^3-\frac{5}{2}x^2+4x+1$

(2)　$y=(x-2)(2x+3)$

2 放物線 $y=x^2-4x+5$ の接線について，次の問いに答えなさい。

(1)　放物線上の点 (3, 2) における接線の方程式を求めなさい。

(2)　傾きが -6 である接線の接点をPとする。Pの座標を求めなさい。

3 関数 $y=2x^3-x^2-4x$ $(-1\leqq x\leqq 2)$ の最大値，最小値を求めなさい。

4 a は正の定数とする。関数 $y=x^3-x^2+a$ のグラフが x 軸に接するとき，定数 a の値を求めなさい。

5 $F'(x)=3x^2-6x+4$，$F(1)=7$ を満たす関数 $F(x)$ を求めなさい。

6 2 つの放物線 $y=x^2-6x$，$y=-\frac{1}{2}x^2$ と x 軸とで囲まれる右の図の斜線部分の面積 S を求めなさい。

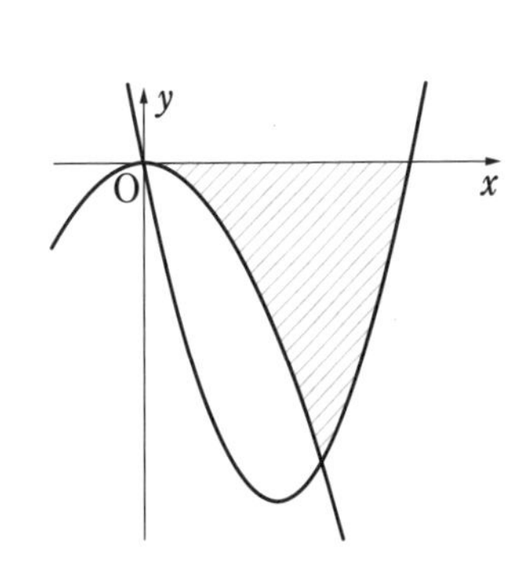

解答➡別冊 p. 22

初版
第１刷　2023年４月１日　発行

●編 者
数研出版編集部
●カバー・表紙デザイン
株式会社クラップス

発行者　星野 泰也

ISBN978-4-410-13982-6

定期テストを乗り切る　高校数学Ⅱの超きほん

発行所　数研出版株式会社

〒101-0052 東京都千代田区神田小川町２丁目３番地３
〔振替〕00140-4-118431
〒604-0861 京都市中京区烏丸通竹屋町上る大倉町205番地
〔電話〕代表（075）231-0161
ホームページ　https://www.chart.co.jp
印刷　創栄図書印刷株式会社

230301

数学Ⅱ

解答と解説

数犬(すうけん)チャ太郎(たろう)

第1章 式と証明

1 3次式の展開 本冊 p. 5

1 (1) ア x　イ 1　ウ x^3+3x^2+3x+1

(2) ア $3y$　イ x

ウ $x^3-9x^2y+27xy^2-27y^3$

(3) ア x　イ 1　ウ x^3+1

(4) ア $2x$　イ y　ウ $8x^3-y^3$

2 (1) $(3x+2)^3$

$=(3x)^3+3\cdot(3x)^2\cdot 2+3\cdot 3x\cdot 2^2+2^3$

$=\mathbf{27x^3+54x^2+36x+8}$

(2) $(x-4y)^3$

$=x^3-3\cdot x^2\cdot 4y+3\cdot x\cdot(4y)^2-(4y)^3$

$=\mathbf{x^3-12x^2y+48xy^2-64y^3}$

(3) $(2x+3)(4x^2-6x+9)$

$=(2x+3)\{(2x)^2-2x\cdot 3+3^2\}$

$=(2x)^3+3^3$

$=\mathbf{8x^3+27}$

(4) $(3x-y)(9x^2+3xy+y^2)$

$=(3x-y)\{(3x)^2+3x\cdot y+y^2\}$

$=(3x)^3-y^3$

$=\mathbf{27x^3-y^3}$

2 3次式の因数分解 本冊 p. 7

1 (1) ア 1　イ x^2　ウ $(x+1)(x^2-x+1)$

(2) ア $3y$　イ $2x$

ウ $(2x-3y)(4x^2+6xy+9y^2)$

2 (1) $x^3+27=x^3+3^3$

$=(x+3)(x^2-x\cdot 3+3^2)$

$=\mathbf{(x+3)(x^2-3x+9)}$

(2) $64x^3-y^3=(4x)^3-y^3$

$=(4x-y)\{(4x)^2+4x\cdot y+y^2\}$

$=\mathbf{(4x-y)(16x^2+4xy+y^2)}$

(3) $x^4-16y^4=(x^2)^2-(4y^2)^2$

$=(x^2+4y^2)(x^2-4y^2)$

$=\mathbf{(x^2+4y^2)(x+2y)(x-2y)}$

3 二項定理 本冊 p. 9

1 ア a^4b　イ a^2b^3　ウ $5a^4b$　エ $10a^2b^3$

2 (1) $(a+3)^4$

$={}_4C_0a^4+{}_4C_1a^3\cdot 3+{}_4C_2a^2\cdot 3^2+{}_4C_3a\cdot 3^3$
$+{}_4C_43^4$

$=\mathbf{a^4+12a^3+54a^2+108a+81}$

(2) $(x-2)^5$

$={}_5C_0x^5+{}_5C_1x^4(-2)+{}_5C_2x^3(-2)^2$
$+{}_5C_3x^2(-2)^3+{}_5C_4x(-2)^4+{}_5C_5(-2)^5$

$=\mathbf{x^5-10x^4+40x^3-80x^2+80x-32}$

4 多項式の割り算 本冊 p. 11

1 ア x^2-4x　イ x　ウ $-6x-12$

エ x^2+x-6　オ 4

2 (1) 右の計算から

商は　$\mathbf{2x+7}$

余りは　**4**

$$\begin{array}{r}
2x+7 \\
x-1\,\big)\,\overline{2x^2+5x-3} \\
\underline{2x^2-2x} \\
7x-3 \\
\underline{7x-7} \\
4
\end{array}$$

(2) 右の計算から

商は　$\mathbf{x+4}$

余りは　**−13**

$$\begin{array}{r}
x+4 \\
x^2+2\,\big)\,\overline{x^3+4x^2+2x-5} \\
\underline{x^3\qquad+2x} \\
4x^2\qquad-5 \\
\underline{4x^2\qquad+8} \\
-13
\end{array}$$

(3) 右の計算から

商は

$\mathbf{3x^2-x-1}$

余りは　**0**

$$\begin{array}{r}
3x^2-x-1 \\
2x+3\,\big)\,\overline{6x^3+7x^2-5x-3} \\
\underline{6x^3+9x^2} \\
-2x^2-5x \\
\underline{-2x^2-3x} \\
-2x-3 \\
\underline{-2x-3} \\
0
\end{array}$$

5 分数式の乗法・除法 本冊 p. 13

1 (1) ア $x-3$　イ x　ウ $\dfrac{2}{x}$

(2) ア $x+1$　イ $x+4$　ウ $\dfrac{x-2}{x+4}$

2 (1) $\dfrac{1}{x-2}\times\dfrac{2x^2-4x}{x+3}$

$=\dfrac{1}{x-2}\times\dfrac{2x(x-2)}{x+3}$

$=\dfrac{1\times 2x(x-2)}{(x-2)\times(x+3)}=\mathbf{\dfrac{2x}{x+3}}$

(2) $\dfrac{x+2}{x^2+x-12}\times\dfrac{x-3}{x^2-4}$

$=\dfrac{x+2}{(x+4)(x-3)}\times\dfrac{x-3}{(x+2)(x-2)}$

$=\dfrac{(x+2)\times(x-3)}{(x+4)(x-3)\times(x+2)(x-2)}$

$=\boldsymbol{\dfrac{1}{(x+4)(x-2)}}$

(3) $\dfrac{x^2+3x+2}{x^2-2x-15}\div\dfrac{x^2-2x-8}{x-5}$

$=\dfrac{(x+1)(x+2)}{(x+3)(x-5)}\times\dfrac{x-5}{(x+2)(x-4)}$

$=\dfrac{(x+1)(x+2)\times(x-5)}{(x+3)(x-5)\times(x+2)(x-4)}$

$=\boldsymbol{\dfrac{x+1}{(x+3)(x-4)}}$

6 分数式の加法・減法 本冊 p. 15

1 (1) ア $\boldsymbol{x+1}$　イ $\boldsymbol{3x}$　ウ $\boldsymbol{\dfrac{3}{x-1}}$

(2) ア $\boldsymbol{x^2-4}$　イ $\boldsymbol{x+2}$　ウ $\boldsymbol{x-2}$

2 (1) $\dfrac{1}{x+1}+\dfrac{1}{x-1}$

$=\dfrac{x-1}{(x+1)(x-1)}+\dfrac{x+1}{(x+1)(x-1)}$

$=\dfrac{(x-1)+(x+1)}{(x+1)(x-1)}$

$=\boldsymbol{\dfrac{2x}{(x+1)(x-1)}}$

(2) $\dfrac{x-1}{x^2+3x+2}-\dfrac{x-3}{x^2+4x+3}$

$=\dfrac{x-1}{(x+1)(x+2)}-\dfrac{x-3}{(x+1)(x+3)}$

$=\dfrac{(x-1)(x+3)}{(x+1)(x+2)(x+3)}$

$\quad-\dfrac{(x-3)(x+2)}{(x+1)(x+2)(x+3)}$

$=\dfrac{(x-1)(x+3)-(x-3)(x+2)}{(x+1)(x+2)(x+3)}$

$=\dfrac{3x+3}{(x+1)(x+2)(x+3)}$

$=\dfrac{3(x+1)}{(x+1)(x+2)(x+3)}$

$=\boldsymbol{\dfrac{3}{(x+2)(x+3)}}$

7 恒等式 本冊 p. 17

1 ア ①，③，④　イ ②

2 (1) 等式の右辺を展開すると

$(x+2)^2=x^2+4x+4$

よって，等式は

$x^2+(a-1)x+b=x^2+4x+4$

これが x についての恒等式であるから

$a-1=4,\ b=4$

したがって　$\boldsymbol{a=5,\ b=4}$

(2) 等式の右辺を整理すると

$a(x-2)^2+b(x-2)+c$

$=a(x^2-4x+4)+b(x-2)+c$

$=ax^2+(-4a+b)x+(4a-2b+c)$

よって，等式は

$2x^2-5x-1$

$=ax^2+(-4a+b)x+(4a-2b+c)$

これが x についての恒等式であるから

$a=2,\ -4a+b=-5,\ 4a-2b+c=-1$

これを解いて　$\boldsymbol{a=2,\ b=3,\ c=-3}$

8 等式の証明 本冊 p. 19

1 ア $\boldsymbol{a^2b^2}$　イ $\boldsymbol{2ab}$　ウ $\boldsymbol{b^2}$　エ $\boldsymbol{a^2}$

2 (1) $x+y=1$ から　$y=1-x$

よって

$x^2+y=x^2+(1-x)=x^2-x+1$

$y^2+x=(1-x)^2+x=x^2-2x+1+x$

$=x^2-x+1$

したがって　$x^2+y=y^2+x$

(2) $\dfrac{a}{b}=\dfrac{c}{d}=k$ とおくと　$a=bk,\ c=dk$

よって

$\dfrac{2a+c}{2b+d}=\dfrac{2\cdot bk+dk}{2b+d}$

$=\dfrac{(2b+d)k}{2b+d}=k$

$\dfrac{a-3c}{b-3d}=\dfrac{bk-3\cdot dk}{b-3d}$

$=\dfrac{(b-3d)k}{b-3d}=k$

したがって　$\dfrac{2a+c}{2b+d}=\dfrac{a-3c}{b-3d}$

9 不等式の証明 本冊 p. 21

1 (1) ア $\boldsymbol{2a}$　イ $\boldsymbol{a-b}$　ウ $\boldsymbol{>}$
(2) ア $\boldsymbol{a+1}$　イ $\boldsymbol{-1}$

2 (1) $(a+1)(b+1)-\{b(a+2)+1\}$
$=ab+a+b+1-ab-2b-1$
$=a-b$
$a>b$ であるから　$a-b>0$
よって
$$(a+1)(b+1)-\{b(a+2)+1\}>0$$
すなわち　$(a+1)(b+1)>b(a+2)+1$
(2) $a^2+10b^2-6ab=(a^2-6ab+9b^2)+b^2$
$=(a-3b)^2+b^2$
$(a-3b)^2\geqq 0$, $b^2\geqq 0$ であるから
$$(a-3b)^2+b^2\geqq 0$$
よって　$a^2+10b^2-6ab\geqq 0$
すなわち　$a^2+10b^2\geqq 6ab$
等号が成り立つのは,
$a-3b=0$ かつ $b=0$,
すなわち $\boldsymbol{a=b=0}$ のときである。

10 相加平均と相乗平均 本冊 p. 23

1 (1) ア $\boldsymbol{\dfrac{13}{2}}$　イ $\boldsymbol{6}$
(2) ア $\boldsymbol{\dfrac{10}{3}}$　イ $\boldsymbol{2}$

2 $a>0$, $b>0$ のとき　$\dfrac{9b}{a}>0$, $\dfrac{a}{4b}>0$
相加平均と相乗平均の大小関係により
$$\frac{9b}{a}+\frac{a}{4b}\geqq 2\sqrt{\frac{9b}{a}\times\frac{a}{4b}}$$
よって　$\dfrac{9b}{a}+\dfrac{a}{4b}\geqq 2\sqrt{\dfrac{9}{4}}$
すなわち　$\dfrac{9b}{a}+\dfrac{a}{4b}\geqq 3$
等号が成り立つのは, $a>0$, $b>0$ かつ
$\dfrac{9b}{a}=\dfrac{a}{4b}$ のときである。
$\dfrac{9b}{a}=\dfrac{a}{4b}$ とすると　$a^2=36b^2$
$$a=\pm 6b$$
したがって, 等号が成り立つのは,
$\boldsymbol{a>0}$, $\boldsymbol{b>0}$, $\boldsymbol{a=6b}$ のときである。

確認テスト 本冊 p. 24

1 x^2y^3 の項は
$${}_5\mathrm{C}_3(2x)^2(-3y)^3=10\times 4x^2\times(-27y^3)$$
$$=-1080x^2y^3$$
よって, x^2y^3 の項の係数は　$\boldsymbol{-1080}$

2 割り算の等式
(割られる式)=(割る式)×(商)+(余り)
により
$$A=(x^2+2x-1)\times(x+1)+(2x+3)$$
$$=(x^3+3x^2+x-1)+2x+3$$
$$=\boldsymbol{x^3+3x^2+3x+2}$$

3 (1) $\dfrac{2x^2-3x-2}{x^2-5x+6}\times\dfrac{x^2-3x}{2x+1}$
$=\dfrac{(x-2)(2x+1)}{(x-2)(x-3)}\times\dfrac{x(x-3)}{2x+1}$
$=\dfrac{(x-2)(2x+1)\times x(x-3)}{(x-2)(x-3)\times(2x+1)}$
$=\boldsymbol{x}$

(2) $\dfrac{1}{x-1}-\dfrac{1}{x+1}-\dfrac{2}{x^2+1}$
$=\dfrac{x+1}{(x-1)(x+1)}-\dfrac{x-1}{(x-1)(x+1)}$
$-\dfrac{2}{x^2+1}$
$=\dfrac{x+1-(x-1)}{(x-1)(x+1)}-\dfrac{2}{x^2+1}$
$=\dfrac{2}{x^2-1}-\dfrac{2}{x^2+1}$
$=\dfrac{2(x^2+1)}{(x^2-1)(x^2+1)}-\dfrac{2(x^2-1)}{(x^2-1)(x^2+1)}$
$=\dfrac{2(x^2+1)-2(x^2-1)}{(x^2-1)(x^2+1)}$
$=\boldsymbol{\dfrac{4}{(x^2-1)(x^2+1)}}$

4 等式の左辺を整理すると
$$ax(x+1)+bx(x-1)+c(x-1)(x-3)$$
$=ax^2+ax+bx^2-bx+cx^2-4cx+3c$
$=(a+b+c)x^2+(a-b-4c)x+3c$
よって, 等式は

$(a+b+c)x^2+(a-b-4c)x+3c=x^2+3$
これが x についての恒等式であるから
$a+b+c=1$, $a-b-4c=0$, $3c=3$
これを解いて　**$a=2$, $b=-2$, $c=1$**

5 $x+y+z=0$ から　$z=-(x+y)$
よって，左辺は

$$
\begin{aligned}
&x^3+y^3+z^3\\
&=x^3+y^3+\{-(x+y)\}^3\\
&=x^3+y^3-(x^3+3x^2y+3xy^2+y^3)\\
&=-3x^2y-3xy^2
\end{aligned}
$$

また，右辺は

$$
\begin{aligned}
3xyz&=3xy\times\{-(x+y)\}\\
&=-3x^2y-3xy^2
\end{aligned}
$$

したがって　$x^3+y^3+z^3=3xyz$

6 (1) $x^2+xy+y^2=x^2+xy+\frac{1}{4}y^2+\frac{3}{4}y^2$

$$=\left(x+\frac{1}{2}y\right)^2+\frac{3}{4}y^2$$

$\left(x+\frac{1}{2}y\right)^2\geqq 0$, $\frac{3}{4}y^2\geqq 0$ であるから

$$\left(x+\frac{1}{2}y\right)^2+\frac{3}{4}y^2\geqq 0$$

すなわち　$x^2+xy+y^2\geqq 0$
等号が成り立つのは，$x+\frac{1}{2}y=0$ かつ
$y=0$，すなわち **$x=y=0$** のときである。
(2)　$x^3-y^3=(x-y)(x^2+xy+y^2)$
$x>y$ のとき　$x-y>0$
また，(1) から　$x^2+xy+y^2>0$
よって，$x>y$ のとき
$x^3-y^3>0$　すなわち　$x^3>y^3$

11 複素数とその計算 本冊 p. 27

1 (1) ア -4　イ $1+\sqrt{2}$　ウ $1+5i$
エ $-\sqrt{3}\,i$
(アとイ，ウとエは，それぞれ逆でもよい)
(2) ア $4-5i$　イ $3i$
(3) ア 2　イ -6

2 (1) $(3+i)+(2-5i)=(3+2)+(1-5)i$
$=\mathbf{5-4i}$

(2) $(-2+4i)-(3-2i)$
$=(-2-3)+(4+2)i$
$=\mathbf{-5+6i}$

(3) $(1+2i)(3-i)=3-i+6i-2i^2$
$=3+5i-2\cdot(-1)$
$=\mathbf{5+5i}$

(4)
$$
\begin{aligned}
\frac{-2+i}{1+i}&=\frac{(-2+i)(1-i)}{(1+i)(1-i)}\\
&=\frac{-2+2i+i-i^2}{1^2-i^2}\\
&=\frac{-1+3i}{1+1}\\
&=-\frac{1}{2}+\frac{3}{2}i
\end{aligned}
$$

12 2次方程式の解と判別式 本冊 p. 29

1 (1) ア 1　イ 3　ウ -23　エ 23
(2) ア $-2\sqrt{2}$　イ 1　ウ -4　エ $<$
オ 虚数解

2 (1)
$$
\begin{aligned}
x&=\frac{-2\pm\sqrt{2^2-4\cdot1\cdot4}}{2\cdot1}\\
&=\frac{-2\pm\sqrt{-12}}{2}=\frac{-2\pm\sqrt{12}\,i}{2}\\
&=\frac{-2\pm2\sqrt{3}\,i}{2}=-1\pm\sqrt{3}\,i
\end{aligned}
$$

(2) 2次方程式の判別式を D とする。
①　$D=3^2-4\cdot1\cdot3=-3<0$
よって，方程式は**異なる2つの虚数解をもつ。**
②　$D=2^2-4\cdot5\cdot(-4)=84>0$
よって，方程式は**異なる2つの実数解をもつ。**
③　$D=(-2\sqrt{6})^2-4\cdot3\cdot2=0$
よって，方程式は**重解をもつ。**

13 解と係数の関係 本冊 p. 31

1 (1) ア -5　イ 3
(2) ア 2　イ $\frac{4}{3}$

2 解と係数の関係から

$$\alpha+\beta=-3,\quad \alpha\beta=-2$$

(1) $\alpha^2+\beta^2=(\alpha+\beta)^2-2\alpha\beta$
$=(-3)^2-2\cdot(-2)$
$=\mathbf{13}$

(2) $(\alpha-\beta)^2=\alpha^2-2\alpha\beta+\beta^2$
$=13-2\cdot(-2)$
$=\mathbf{17}$

(3) $\dfrac{1}{\alpha}+\dfrac{1}{\beta}=\dfrac{\alpha+\beta}{\alpha\beta}$
$=\dfrac{-3}{-2}=\mathbf{\dfrac{3}{2}}$

14 解と係数の関係の利用 本冊 p. 33

1 (1) ア **17**　イ **2**

(2) ア **2**　イ $\sqrt{2}$

ウ $\boldsymbol{(x-2-\sqrt{2}\,i)(x-2+\sqrt{2}\,i)}$

2 (1) 解の和は

$(1+\sqrt{2})+(1-\sqrt{2})=2$

解の積は

$(1+\sqrt{2})(1-\sqrt{2})=1^2-(\sqrt{2})^2$
$=-1$

よって，求める2次方程式は

$\boldsymbol{x^2-2x-1=0}$

(2) 解の和は

$(-2+i)+(-2-i)=-4$

解の積は

$(-2+i)(-2-i)=(-2)^2-i^2=5$

よって，求める2次方程式は

$\boldsymbol{x^2+4x+5=0}$

15 剰余の定理と因数定理 本冊 p. 35

1 (1) ア **2**　イ **7**

(2) ア **−1**　イ **0**

2 (1) $P(x)=x^3-3x^2+4$ とすると

$P(-1)=(-1)^3-3\cdot(-1)^2+4=0$

よって，$P(x)$ は $x+1$ を因数にもつ。

$$
\begin{array}{r}
x^2-4x+4 \\
x+1\,\overline{)\,x^3-3x^2+4} \\
x^3+\ x^2 \\
\hline
-4x^2 \\
-4x^2-4x \\
\hline
4x+4 \\
4x+4 \\
\hline
0
\end{array}
$$

上の割り算から

$x^3-3x^2+4=(x+1)(x^2-4x+4)$
$=\boldsymbol{(x+1)(x-2)^2}$

(2) $P(x)=x^3+6x^2+5x-12$ とすると

$P(1)=1^3+6\cdot1^2+5\cdot1-12=0$

よって，$P(x)$ は $x-1$ を因数にもつ。

$$
\begin{array}{r}
x^2+7x+12 \\
x-1\,\overline{)\,x^3+6x^2+5x-12} \\
x^3-\ x^2 \\
\hline
7x^2+5x \\
7x^2-7x \\
\hline
12x-12 \\
12x-12 \\
\hline
0
\end{array}
$$

上の割り算から

$x^3+6x^2+5x-12=(x-1)(x^2+7x+12)$
$=\boldsymbol{(x-1)(x+3)(x+4)}$

16 高次方程式の解き方 本冊 p. 37

1 ア **4**　イ **1**　ウ **2**

2 (1) $P(x)=x^3-7x+6$ とすると

$P(1)=1^3-7\cdot1+6=0$

よって，$P(x)$ は $x-1$ を因数にもつ。

$$
\begin{array}{r}
x^2+x-6 \\
x-1\,\overline{)\,x^3-7x+6} \\
x^3-x^2 \\
\hline
x^2-7x \\
x^2-\ x \\
\hline
-6x+6 \\
-6x+6 \\
\hline
0
\end{array}
$$

上の割り算から

$x^3-7x+6=(x-1)(x^2+x-6)$
$=(x-1)(x-2)(x+3)$

方程式は　$(x-1)(x-2)(x+3)=0$

よって

$x-1=0$ または $x-2=0$ または
$x+3=0$

したがって　　$\boldsymbol{x=1,\ 2,\ -3}$

(2) $P(x)=x^3+4x^2+9x+10$ とすると

$P(-2)=(-2)^3+4\cdot(-2)^2+9\cdot(-2)+10$
$\quad=0$

よって，$P(x)$ は $x+2$ を因数にもつ。

$$\begin{array}{r|l} & x^2+2x+5 \\ \hline x+2 & x^3+4x^2+9x+10 \\ & x^3+2x^2 \\ \hline & \quad 2x^2+9x \\ & \quad 2x^2+4x \\ \hline & \qquad 5x+10 \\ & \qquad 5x+10 \\ \hline & \qquad\quad 0 \end{array}$$

上の割り算から

$x^3+4x^2+9x+10=(x+2)(x^2+2x+5)$

方程式は　　$(x+2)(x^2+2x+5)=0$

よって　$x+2=0$ または $x^2+2x+5=0$

したがって　　$\boldsymbol{x=-2,\ -1\pm2i}$

確認テスト

本冊 p. 38

1　$(\sqrt{3}+\sqrt{-1})(1-\sqrt{-3})$

$=(\sqrt{3}+i)(1-\sqrt{3}\,i)$

$=\sqrt{3}-3i+i-\sqrt{3}\,i^2$

$=\sqrt{3}-2i-\sqrt{3}\cdot(-1)$

$=\boldsymbol{2\sqrt{3}-2i}$

2　2 次方程式 $x^2+ax+a+3=0$ の判別式を D とすると

$D=a^2-4\cdot1\cdot(a+3)=a^2-4a-12$

異なる 2 つの虚数解をもつとき，$D<0$ であるから　　$a^2-4a-12<0$

$(a+2)(a-6)<0$

したがって　　$\boldsymbol{-2<a<6}$

3　解と係数の関係から

$\alpha+\beta=-2,\quad \alpha\beta=3$

(1) $\alpha^2+\alpha\beta+\beta^2=(\alpha+\beta)^2-\alpha\beta$

$=(-2)^2-3$

$=\boldsymbol{1}$

(2)　$(\alpha+\beta)^3=\alpha^3+3\alpha^2\beta+3\alpha\beta^2+\beta^3$

であるから

$\alpha^3+\beta^3=(\alpha+\beta)^3-3\alpha^2\beta-3\alpha\beta^2$

$=(\alpha+\beta)^3-3\alpha\beta(\alpha+\beta)$

$=(-2)^3-3\cdot3\cdot(-2)$

$=\boldsymbol{10}$

4　和も積も 1 である 2 数を α，β とすると

$\alpha+\beta=1,\quad \alpha\beta=1$

よって，α，β は 2 次方程式 $x^2-x+1=0$ の解である。

$x^2-x+1=0$ を解くと

$$x=\frac{-(-1)\pm\sqrt{(-1)^2-4\cdot1\cdot1}}{2\cdot1}$$

$$=\frac{1\pm\sqrt{3}\,i}{2}$$

したがって，求める 2 数は

$$\boldsymbol{\frac{1+\sqrt{3}\,i}{2},\ \frac{1-\sqrt{3}\,i}{2}}$$

5　$P(x)=2x^3+4x^2+5x+3$ とすると

$P(-1)=2\cdot(-1)^3+4\cdot(-1)^2+5\cdot(-1)+3$
$\quad=0$

よって，$P(x)$ は $x+1$ を因数にもつ。

$$\begin{array}{r|l} & 2x^2+2x+3 \\ \hline x+1 & 2x^3+4x^2+5x+3 \\ & 2x^3+2x^2 \\ \hline & \quad 2x^2+5x \\ & \quad 2x^2+2x \\ \hline & \qquad 3x+3 \\ & \qquad 3x+3 \\ \hline & \qquad\quad 0 \end{array}$$

上の割り算から

$2x^3+4x^2+5x+3=(x+1)(2x^2+2x+3)$

方程式は　　$(x+1)(2x^2+2x+3)=0$

よって　$x+1=0$ または $2x^2+2x+3=0$

したがって　　$\boldsymbol{x=-1,\ \dfrac{-1\pm\sqrt{5}\,i}{2}}$

6　(1) $x=2$ が方程式 $x^3-x+a=0$ の解であるから

$2^3-2+a=0$

よって　　$\boldsymbol{a=-6}$

(2) 方程式は　$x^3-x-6=0$

$x=2$ が解であるから，この左辺は $x-2$ を因数にもつ。

$$
\begin{array}{r}
x^2+2x+3 \\
x-2 \,\overline{\smash{)}\, x^3 \qquad -x-6} \\
\underline{x^3-2x^2 \qquad\qquad} \\
2x^2-x \qquad \\
\underline{2x^2-4x \qquad} \\
3x-6 \\
\underline{3x-6} \\
0
\end{array}
$$

上の割り算から

$$x^3-x-6=(x-2)(x^2+2x+3)$$

したがって，他の解は，$x^2+2x+3=0$ を解いて　$\boldsymbol{x=-1\pm\sqrt{2}\,i}$

17 直線上の点 本冊 p. 41

1 (1) ア 8　イ 2　ウ 6

(2) ア 2　イ 8　ウ 4

(3) ア −3　イ 8　ウ −10

2 (1) $\dfrac{1\cdot(-5)+3\cdot3}{3+1}=\dfrac{4}{4}=\boldsymbol{1}$

(2) $\dfrac{-5+3}{2}=\dfrac{-2}{2}=\boldsymbol{-1}$

(3) $\dfrac{-1\cdot(-5)+2\cdot3}{2-1}=\boldsymbol{11}$

(4) $\dfrac{-2\cdot(-5)+1\cdot3}{1-2}=\dfrac{13}{-1}=\boldsymbol{-13}$

18 座標平面上の点と距離 本冊 p. 43

1 (1) ア 4　イ 2

(2) ア 3　イ −2　ウ $\sqrt{13}$

(3) ア 7　イ 6　ウ 5

2 (1) $\sqrt{\{5-(-1)\}^2+(-6-2)^2}=\sqrt{100}$
$=\boldsymbol{10}$

(2) Pは y 軸上の点であるから，その座標を $(0,\ a)$ とする。

AP＝BP より，$\mathrm{AP}^2=\mathrm{BP}^2$ であるから

$$(0-2)^2+(a-0)^2=(0-1)^2+(a-5)^2$$

$$a^2+4=a^2-10a+26$$

$$10a=22$$

よって　$a=\dfrac{11}{5}$

したがって，Pの座標は　$\boldsymbol{\left(0,\ \dfrac{11}{5}\right)}$

19 平面上の内分点と外分点 本冊 p. 45

1 (1) ア 2　イ 7　ウ 5　エ 2　オ 3　カ 2

(2) ア 6　イ 3　ウ 2　エ 2

2 (1) 線分 AB を 2：3 に外分する点を P$(x,\ y)$ とすると

$$x=\frac{-3\cdot1+2\cdot4}{2-3}=-5$$

$$y=\frac{-3\cdot5+2\cdot7}{2-3}=1$$

よって，Pの座標は　$\boldsymbol{(-5,\ 1)}$

(2) △ABC の重心を G$(x,\ y)$ とすると

$$x=\frac{1+4+10}{3}=5$$

$$y=\frac{5+7-3}{3}=3$$

よって，Gの座標は　$\boldsymbol{(5,\ 3)}$

20 直線の方程式 本冊 p. 47

1 (1) ア 4　イ 3　ウ −2　エ 10

(2) ア −3　イ −3　ウ 1

2 (1)　$y-(-3)=2(x-1)$

から　$y+3=2x-2$

したがって　$\boldsymbol{y=2x-5}$

(2)　$y-7=\dfrac{3-7}{-2-2}(x-2)$

から　$y-7=x-2$

したがって　$\boldsymbol{y=x+5}$

(3)　$y-(-1)=\dfrac{5-(-1)}{6-(-3)}\{x-(-3)\}$

から　$y+1=\dfrac{2}{3}(x+3)$

したがって　$\boldsymbol{y=\dfrac{2}{3}x+1}$

21 2直線の関係 本冊 p. 49

1 (1) ア ④　イ ⑤

(2) ア ③　イ ⑥

2 (1) 直線 $y=3x-5$ の傾きは 3 であるから，求める直線の傾きも 3 である。

よって，方程式は

$$y-2=3\{x-(-1)\}$$

したがって　　$\boldsymbol{y=3x+5}$

(2) 直線 $y=\frac{2}{3}x-1$ の傾きは $\frac{2}{3}$ であるから，求める直線の傾きは $-\frac{3}{2}$ である。

よって，方程式は

$$y-(-4)=-\frac{3}{2}(x-2)$$

したがって　　$\boldsymbol{y=-\frac{3}{2}x-1}$

22 点と直線の距離 本冊 p. 51

1 (1) **ア −1　イ 1　ウ 1**

(2) **ア 6　イ 2　ウ 3　エ 15　オ 25　カ 3**

2 (1) $\frac{|-10|}{\sqrt{1^2+3^2}}=\frac{10}{\sqrt{10}}=\boldsymbol{\sqrt{10}}$

(2) $\frac{|3\cdot(-2)+4\cdot(-4)+2|}{\sqrt{3^2+4^2}}=\frac{20}{5}=\boldsymbol{4}$

(3) 直線の方程式を変形すると

$$2x-3y+15=0$$

よって，求める距離は

$$\frac{|2\cdot5-3\cdot4+15|}{\sqrt{2^2+(-3)^2}}=\frac{13}{\sqrt{13}}=\boldsymbol{\sqrt{13}}$$

23 円の方程式 本冊 p. 53

1 (1) **ア 3　イ 1　ウ 2　エ 4**

(2) **ア 4　イ 1　ウ 2　エ 1　オ 5**

2 (1) 求める円の方程式は

$$\{x-(-3)\}^2+(y-4)^2=(\sqrt{6})^2$$

よって　　$\boldsymbol{(x+3)^2+(y-4)^2=6}$

(2) 円の半径は，中心と原点の距離に等しいから　　$\sqrt{(-1)^2+2^2}=\sqrt{5}$

よって，求める円は，中心が点 $(-1,\ 2)$ で，半径が $\sqrt{5}$ の円であるから

$$\{x-(-1)\}^2+(y-2)^2=(\sqrt{5})^2$$

したがって　　$\boldsymbol{(x+1)^2+(y-2)^2=5}$

24 円と直線の共有点 本冊 p. 55

1 **ア $x-2$　イ 2　ウ 2　エ 0**

2 (1) 共有点の座標は，次の連立方程式の解である。

$$\begin{cases} x^2+y^2=25 & \cdots\cdots ① \\ y=x+1 & \cdots\cdots ② \end{cases}$$

② を ① に代入すると

$$x^2+(x+1)^2=25$$

整理すると　　$x^2+x-12=0$

$$(x-3)(x+4)=0$$

よって　　$x=3,\ -4$

$x=3$　のとき　$y=4$

$x=-4$ のとき　$y=-3$

したがって，共有点の座標は

$$\boldsymbol{(3,\ 4),\ (-4,\ -3)}$$

(2) 円の方程式に直線の方程式を代入すると　　$x^2+(-x+5)^2=9$

整理すると　　$x^2-5x+8=0$

判別式を D とすると

$$D=(-5)^2-4\cdot1\cdot8=-7<0$$

よって，求める共有点の個数は　**0 個**

25 円の接線の方程式 本冊 p. 57

1 (1) **ア 3　イ 10**

(2) **ア −2　イ 4　ウ 20　エ 2　オ 10**

(3) **ア $\sqrt{2}$　イ $\sqrt{2}$　ウ 4　エ $2\sqrt{2}$**

2 接点を $\mathrm{Q}(a,\ b)$ とすると

$$a^2+b^2=4 \quad \cdots\cdots ①$$

Qにおける接線の方程式は

$$ax+by=4 \quad \cdots\cdots ②$$

この直線が点 $\mathrm{P}(2,\ 1)$ を通るから

$$2a+b=4 \quad \cdots\cdots ③$$

①，③ から b を消去すると

$$5a^2-16a+12=0$$

$$(a-2)(5a-6)=0$$

よって　　$a=2,\ \frac{6}{5}$

$a=2$ のとき　$b=0$

$a=\frac{6}{5}$ のとき　$b=\frac{8}{5}$

したがって，接点の座標は

$$(2,\ 0),\ \left(\frac{6}{5},\ \frac{8}{5}\right)$$

② から，接線の方程式は

$$x=2,\ \frac{6}{5}x+\frac{8}{5}y=4$$

すなわち　　$\boldsymbol{x=2,\ 3x+4y=10}$

26 軌跡 本冊 p. 59

1 **ア 2　イ 2　ウ 4　エ 原点　オ 2**

2 点Pの座標を $(x,\ y)$ とする。

条件 $AP^2-BP^2=12$ から

$$x^2+(y+1)^2-\{x^2+(y-5)^2\}=12$$

整理すると

$$x^2+y^2+2y+1-(x^2+y^2-10y+25)=12$$

から　　　　$y=3$

よって，点Pは直線 $y=3$ 上にある。

逆に，この直線上のすべての点Pは，

$AP^2-BP^2=12$ を満たす。

したがって，求める軌跡は　**直線 $\boldsymbol{y=3}$**

27 不等式の表す領域 本冊 p. 61

1 (1) **ア 下**

(2) **ア 周　イ 外**

2 (1) 直線 $y=x-3$ の上側で，右の図の斜線部分。ただし，境界線を含まない。

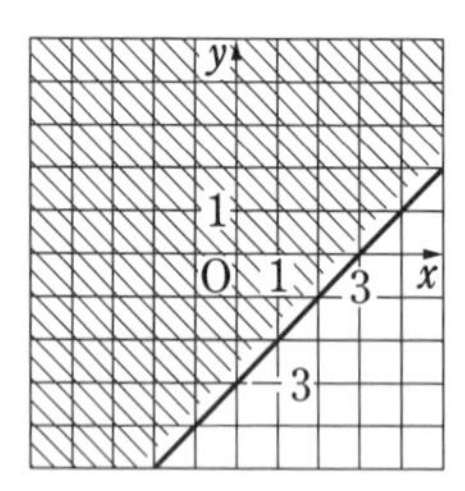

(2) 不等式は　　$y\leqq\frac{1}{2}x+2$

よって，直線 $y=\frac{1}{2}x+2$ とその下側で，右の図の斜線部分。ただし，境界線を含む。

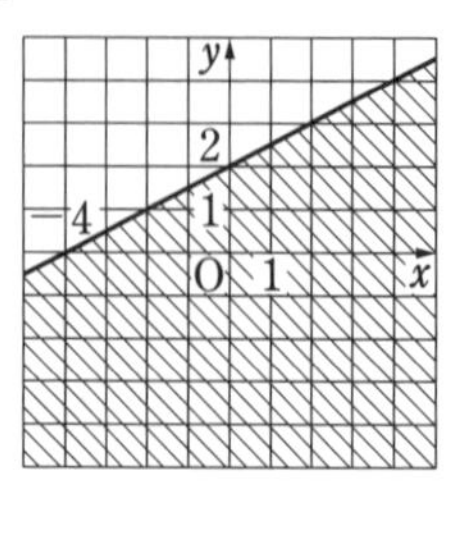

(3) 円 $x^2+y^2=16$ の内部で，右の図の斜線部分。ただし，境界線を含まない。

(4) 円 $(x-1)^2+(y-2)^2=4$ の周と外部で，右の図の斜線部分。ただし，境界線を含む。

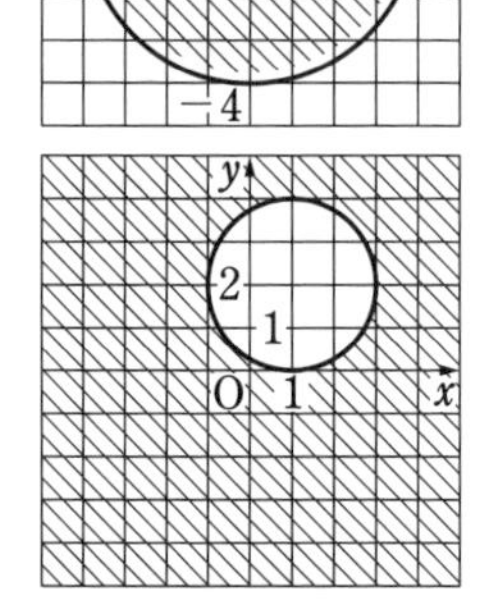

28 連立不等式の表す領域 本冊 p. 63

1 **ア 下　イ 上**

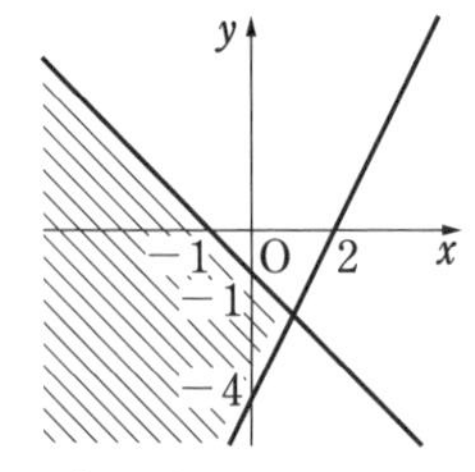

2 (1) 不等式 $y\geqq3x-3$ の表す領域は

直線 $y=3x-3$ とその上側

不等式 $y\geqq-\frac{1}{2}x+4$ の表す領域は

直線 $y=-\frac{1}{2}x+4$ とその上側

である。

よって，求める領域はこの共通部分で，右の図の斜線部分。ただし，境界線を含む。

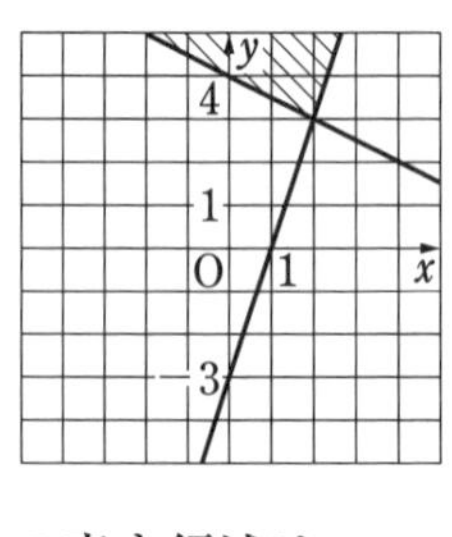

(2) 不等式 $y<-x+2$ の表す領域は

直線 $y=-x+2$ の下側

不等式 $x^2+y^2>9$ の表す領域は

円 $x^2+y^2=9$ の外部

である。

よって，求める領域はこの共通部分で，右の図の斜線部分。ただし，境界線を含まない。

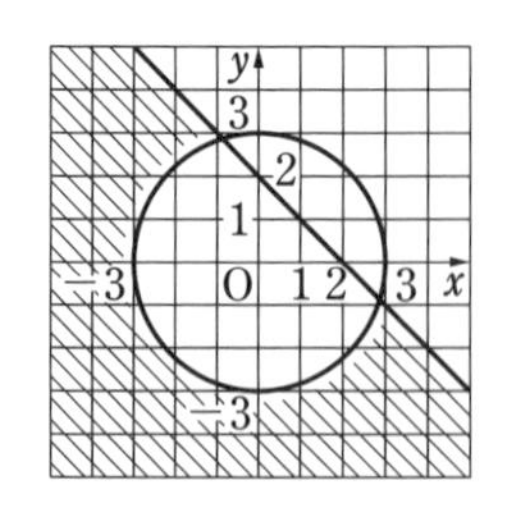

確認テスト　本冊 p. 64

1 (1) 対角線 AC の中点を M$(x,\ y)$ とすると

$$x=\frac{-4+6}{2}=1,\quad y=\frac{-1+5}{2}=2$$

よって，中点の座標は　**(1, 2)**

(2) 対角線 BD の中点は，対角線 AC の中点 M と一致する。

D の座標を $(x,\ y)$ とすると

$$\frac{-1+x}{2}=1,\quad \frac{-2+y}{2}=2$$

よって　$x=3,\ y=6$

したがって，D の座標は　**(3, 6)**

2 2 直線 $2x+y-4=0$，$x+2y+1=0$ の交点の座標は，次の連立方程式の解である。

$$\begin{cases} 2x+y-4=0 & \cdots\cdots ① \\ x+2y+1=0 & \cdots\cdots ② \end{cases}$$

$$\begin{array}{lrr} ①\times 2 & & 4x+2y-8=0 \\ ② & -) & x+2y+1=0 \\ \hline & & 3x \quad\ \ -9=0 \\ & & x=3 \end{array}$$

$x=3$ を ① に代入して　$y=-2$

よって，交点の座標は　$(3,\ -2)$

直線 $x-3y=0$ の傾きは　$\dfrac{1}{3}$

求める直線は，点 $(3,\ -2)$ を通り，傾きが $\dfrac{1}{3}$ であるから，その方程式は

$y+2=\dfrac{1}{3}(x-3)$　すなわち　$\boldsymbol{x-3y-9=0}$

$\left(y=\dfrac{1}{3}x-3\ \text{でもよい}\right)$

3 (1) 方程式　$x^2+y^2-4x+6y-3=0$

を変形すると

$$(x^2-4x+4)+(y^2+6y+9)=3+4+9$$
$$(x-2)^2+(y+3)^2=16$$

よって，円の**中心の座標は　(2, −3)**

半径は　4

(2) 中心が点 $(2,\ -3)$ で，y 軸に接する円の半径は 2 である。

よって，求める円の方程式は

$$(x-2)^2+(y+3)^2=2^2$$

すなわち　$\boldsymbol{(x-2)^2+(y+3)^2=4}$

4 円の方程式に直線の方程式を代入すると

$$(x+1)^2+(2x+k)^2=1$$

整理すると

$$x^2+2x+1+4x^2+4kx+k^2=1$$
$$5x^2+(4k+2)x+k^2=0$$

判別式を D とすると

$$D=(4k+2)^2-4\cdot 5\cdot k^2$$
$$=-4k^2+16k+4$$

直線と円が接するとき，$D=0$ であるから

$$-4k^2+16k+4=0$$
$$k^2-4k-1=0$$

これを解いて　$\boldsymbol{k=2\pm\sqrt{5}}$

5 点 P の座標を $(x,\ y)$ とする。

OP：AP＝2：1 であるから　OP＝2AP

よって，$\mathrm{OP}^2=4\mathrm{AP}^2$ が成り立つから

$$x^2+y^2=4\{(x-3)^2+y^2\}$$

整理すると　$x^2+y^2-8x+12=0$

$$(x^2-8x+16)+y^2=4$$
$$(x-4)^2+y^2=4$$

よって，点 P は円 $(x-4)^2+y^2=4$ 上にある。

逆に，この円上のすべての点 P は OP：AP＝2：1 を満たす。

したがって，求める軌跡は

中心が点 (4, 0)，半径が 2 の円

6 大きな円の中心は原点で，半径は 2 であるから，その方程式は

$$x^2+y^2=4$$

小さな円の中心は点 $(0,\ 1)$ で，半径は 1 であるから，その方程式は

$$x^2+(y-1)^2=1$$

斜線をつけた部分は，大きな円の内部，かつ小さな円の外部であるから，求める連立不等式は　$\begin{cases} \boldsymbol{x^2+y^2<4} \\ \boldsymbol{x^2+(y-1)^2>1} \end{cases}$

第4章 三角関数

29 一般角 本冊 p. 67

1 (1) ア 2 (2) ア 4 (3) ア 1
(4) ア 3

2 (1) (ア) (イ)

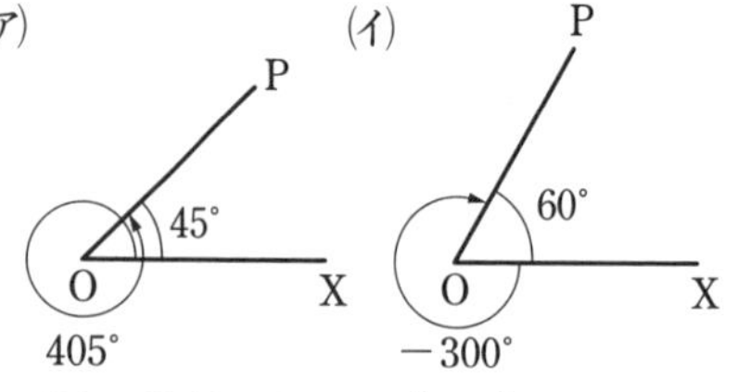

(2) $-40°=320°+360°\times(-1)$,
$-320°=40°+360°\times(-1)$,
$400°=40°+360°$,
$-400°=320°+360°\times(-2)$
であるから，40° の動径と同じ位置にあるものは **−320°，400°**

30 弧度法 本冊 p. 69

1 ア $\frac{\pi}{6}$ イ $\frac{2}{3}\pi$ ウ $\frac{7}{6}\pi$ エ $\frac{11}{6}\pi$
オ $\frac{3}{4}\pi$ カ $\frac{5}{4}\pi$

2 (1) (ア) $75°=\frac{\pi}{180}\times75=\boldsymbol{\frac{5}{12}\pi}$

(イ) $540°=\frac{\pi}{180}\times540=\boldsymbol{3\pi}$

(ウ) $\frac{\pi}{8}=180°\times\frac{1}{8}=\boldsymbol{22.5°}$

(エ) $-2\pi=180°\times(-2)=\boldsymbol{-360°}$

(2) $l=10\times\frac{3}{5}\pi=\boldsymbol{6\pi}$

$S=\frac{1}{2}\times10^2\times\frac{3}{5}\pi=\boldsymbol{30\pi}$

$\left(S=\frac{1}{2}\times10\times6\pi=30\pi\right.$ としてもよい$\left.\right)$

31 三角関数 本冊 p. 71

1 ア 1 イ −1 ウ $-\frac{1}{\sqrt{2}}$ エ 1
オ −1 カ −1

2 (1) 図から

$$\sin\frac{7}{4}\pi=\frac{-1}{\sqrt{2}}=-\frac{1}{\sqrt{2}}$$

$$\cos\frac{7}{4}\pi=\frac{1}{\sqrt{2}}$$

$$\tan\frac{7}{4}\pi=\frac{-1}{1}=-1$$

(2) 図から

$$\sin\left(-\frac{5}{6}\pi\right)=\frac{-1}{2}=-\frac{1}{2}$$

$$\cos\left(-\frac{5}{6}\pi\right)=\frac{-\sqrt{3}}{2}=-\frac{\sqrt{3}}{2}$$

$$\tan\left(-\frac{5}{6}\pi\right)=\frac{-1}{-\sqrt{3}}=\frac{1}{\sqrt{3}}$$

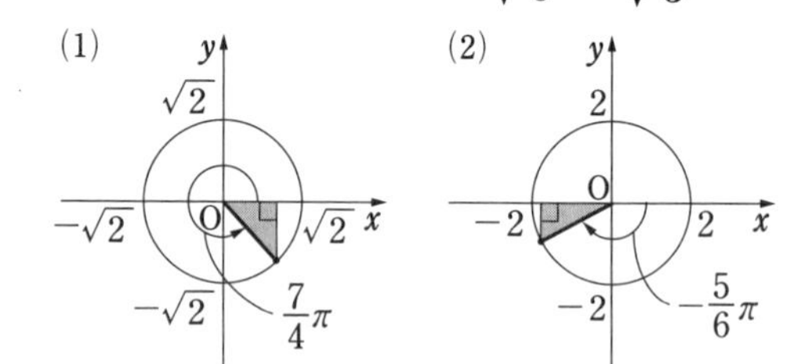

32 三角関数の相互関係 本冊 p. 73

1 ア 5 イ $\frac{1}{5}$ ウ < エ $-\frac{1}{\sqrt{5}}$
オ $-\frac{2}{\sqrt{5}}$

2 (1) $\cos^2\theta=1-\sin^2\theta=1-\left(-\frac{3}{5}\right)^2$
$=\frac{16}{25}$

θ の動径が第4象限にあるとき
$\cos\theta>0$

よって $\cos\theta=\sqrt{\frac{16}{25}}=\boldsymbol{\frac{4}{5}}$

(2) $\tan\theta=\frac{\sin\theta}{\cos\theta}=\left(-\frac{3}{5}\right)\div\frac{4}{5}$
$=\boldsymbol{-\frac{3}{4}}$

33 三角関数の性質 本冊 p. 75

1 (1) ア $\frac{\pi}{2}$ イ 1

(2) ア $\frac{2}{3}\pi$ イ $\frac{1}{2}$

(3) ア $\frac{3}{4}\pi$ イ 1

2 (1) $\sin\frac{11}{4}\pi=\sin\left(\frac{3}{4}\pi+2\pi\right)$

$=\sin\frac{3}{4}\pi=\boldsymbol{\frac{1}{\sqrt{2}}}$

(2) $\cos\frac{11}{6}\pi=\cos\left(\frac{5}{6}\pi+\pi\right)$

$=-\cos\frac{5}{6}\pi=\boldsymbol{\frac{\sqrt{3}}{2}}$

(3) $\tan\left(-\frac{8}{3}\pi\right)=-\tan\frac{8}{3}\pi$

$=-\tan\left(\frac{2}{3}\pi+2\pi\right)$

$=-\tan\frac{2}{3}\pi$

$=\boldsymbol{\sqrt{3}}$

(4) $\sin\left(-\frac{19}{3}\pi\right)=-\sin\frac{19}{3}\pi$

$=-\sin\left(\frac{\pi}{3}+2\pi\times 3\right)$

$=-\sin\frac{\pi}{3}$

$=\boldsymbol{-\frac{\sqrt{3}}{2}}$

34 三角関数のグラフ 本冊 p. 77

1 (1) ア **2**　イ $\boldsymbol{y}$　ウ **2**　エ $\boldsymbol{2\pi}$

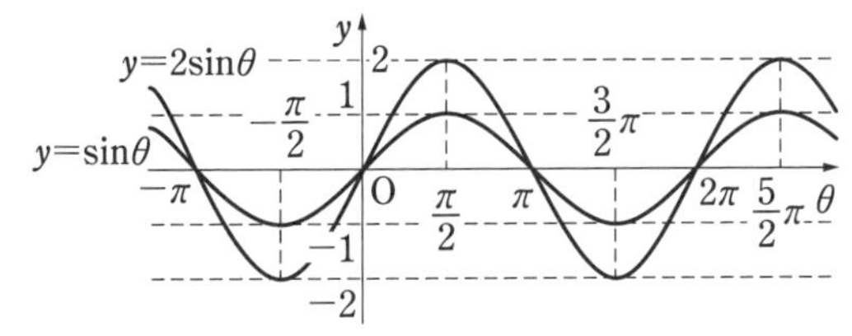

(2) ア $\boldsymbol{\theta}$　イ $\boldsymbol{\frac{1}{2}}$　ウ $\boldsymbol{\pi}$

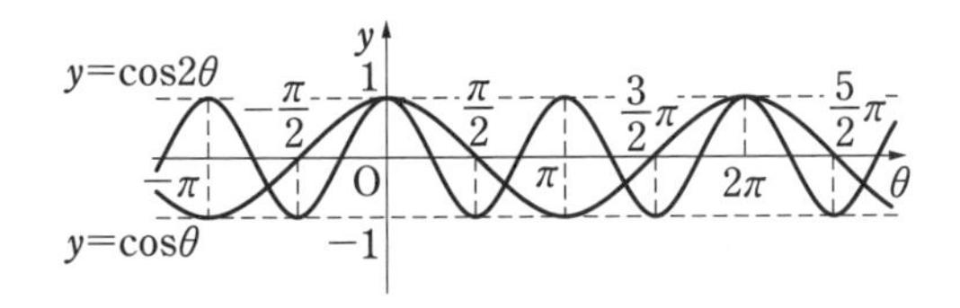

35 三角関数を含む方程式，不等式 本冊 p. 79

1 ア $\boldsymbol{-\frac{1}{\sqrt{2}}}$　イ $\boldsymbol{\frac{3}{4}\pi}$　ウ $\boldsymbol{\frac{5}{4}\pi}$

2 (1) 図のように，単位円上で x 座標が $\frac{\sqrt{3}}{2}$ である点を P，Q とすると，求める θ は動径 OP，OQ の表す角である。

よって，$0\leqq\theta<2\pi$ の範囲では

$$\boldsymbol{\theta=\frac{\pi}{6},\ \frac{11}{6}\pi}$$

(2) 図のように，点 $(1,\ -1)$ と原点を通る直線と単位円との交点を P，Q とすると，求める θ は動径 OP，OQ の表す角である。

よって，$0\leqq\theta<2\pi$ の範囲では

$$\boldsymbol{\theta=\frac{3}{4}\pi,\ \frac{7}{4}\pi}$$

(3) $0\leqq\theta<2\pi$ において，$\sin\theta=\frac{1}{2}$ となる θ は

$$\theta=\frac{\pi}{6},\ \frac{5}{6}\pi$$

よって，不等式の解は，図から

$$\boldsymbol{0\leqq\theta<\frac{\pi}{6},\ \frac{5}{6}\pi<\theta<2\pi}$$

36 加法定理 本冊 p. 81

1 ア **cos**　イ **sin**　ウ $\boldsymbol{\frac{\sqrt{2}}{2}}$　エ $\boldsymbol{\frac{\sqrt{2}}{2}}$

オ $\boldsymbol{\frac{\sqrt{2}-\sqrt{6}}{4}}$

2 (1) $\sin 105^\circ$

$=\sin(60^\circ+45^\circ)$

$=\sin 60^\circ\cos 45^\circ+\cos 60^\circ\sin 45^\circ$

$=\frac{\sqrt{3}}{2}\cdot\frac{\sqrt{2}}{2}+\frac{1}{2}\cdot\frac{\sqrt{2}}{2}$

$=\boldsymbol{\frac{\sqrt{6}+\sqrt{2}}{4}}$

(2) $\cos 15°$
$=\cos(60°-45°)$
$=\cos 60° \cos 45°+\sin 60° \sin 45°$
$=\frac{1}{2}\cdot\frac{\sqrt{2}}{2}+\frac{\sqrt{3}}{2}\cdot\frac{\sqrt{2}}{2}$
$=\boldsymbol{\frac{\sqrt{2}+\sqrt{6}}{4}}$

(3) $\tan 75°=\tan(45°+30°)$
$=\frac{\tan 45°+\tan 30°}{1-\tan 45° \tan 30°}$
$=\frac{1+\frac{1}{\sqrt{3}}}{1-1\cdot\frac{1}{\sqrt{3}}}=\frac{\sqrt{3}+1}{\sqrt{3}-1}$
$=\frac{(\sqrt{3}+1)^2}{(\sqrt{3}-1)(\sqrt{3}+1)}$
$=\frac{4+2\sqrt{3}}{2}$
$=\boldsymbol{2+\sqrt{3}}$

37 加法定理の応用 本冊 p. 83

1 ア **45** イ $\boldsymbol{\frac{\sqrt{2}}{2}}$ ウ $\boldsymbol{2+\sqrt{2}}$

エ $\boldsymbol{\sqrt{2+\sqrt{2}}}$

2 (1) αの動径は第3象限にあるから

$\sin\alpha<0$

よって　$\sin\alpha=-\sqrt{1-\cos^2\alpha}$

$=-\sqrt{1-\left(-\frac{4}{5}\right)^2}$

$=-\sqrt{\frac{9}{25}}=\boldsymbol{-\frac{3}{5}}$

(2) $\sin 2\alpha=2\sin\alpha\cos\alpha$

$=2\cdot\left(-\frac{3}{5}\right)\cdot\left(-\frac{4}{5}\right)=\boldsymbol{\frac{24}{25}}$

(3) $\cos 2\alpha=\cos^2\alpha-\sin^2\alpha$

$=\left(-\frac{4}{5}\right)^2-\left(-\frac{3}{5}\right)^2$

$=\frac{16}{25}-\frac{9}{25}$

$=\boldsymbol{\frac{7}{25}}$

38 三角関数の合成 本冊 p. 85

1 ア $\boldsymbol{-\sqrt{3}}$ イ **2** ウ $\boldsymbol{-\frac{\pi}{3}}$

エ $\boldsymbol{2\sin\left(\theta-\frac{\pi}{3}\right)}$

2 (1) $\sin\theta+\cos\theta=r\sin(\theta+\alpha)$

とおくと

$r=\sqrt{1^2+1^2}$
$=\sqrt{2}$

図から　$\alpha=\frac{\pi}{4}$

よって

$\sin\theta+\cos\theta=\boldsymbol{\sqrt{2}\sin\left(\theta+\frac{\pi}{4}\right)}$

(2) $-1\leqq\sin\left(\theta+\frac{\pi}{4}\right)\leqq 1$ であるから

$-\sqrt{2}\leqq\sqrt{2}\sin\left(\theta+\frac{\pi}{4}\right)\leqq\sqrt{2}$

したがって，関数 $y=\sin\theta+\cos\theta$ の

最大値は $\sqrt{2}$，最小値は $-\sqrt{2}$

($0\leqq\theta<2\pi$ とすると，最大値をとるのは

$\theta+\frac{\pi}{4}=\frac{\pi}{2}$　すなわち $\theta=\frac{\pi}{4}$ のとき

であり，最小値をとるのは

$\theta+\frac{\pi}{4}=\frac{3}{2}\pi$ すなわち $\theta=\frac{5}{4}\pi$ のとき

である)

確認テスト 本冊 p. 86

1 $\sin\frac{23}{6}\pi=\sin\left(-\frac{\pi}{6}+2\pi\times 2\right)$

$=\sin\left(-\frac{\pi}{6}\right)$

$=-\sin\frac{\pi}{6}=\boldsymbol{-\frac{1}{2}}$

$\cos\frac{23}{6}\pi=\cos\left(-\frac{\pi}{6}+2\pi\times 2\right)$

$=\cos\left(-\frac{\pi}{6}\right)$

$=\cos\frac{\pi}{6}=\boldsymbol{\frac{\sqrt{3}}{2}}$

$$\tan\frac{23}{6}\pi=\tan\left(-\frac{\pi}{6}+2\pi\times 2\right)$$
$$=\tan\left(-\frac{\pi}{6}\right)$$
$$=-\tan\frac{\pi}{6}=-\frac{\mathbf{1}}{\sqrt{\mathbf{3}}}$$

2 $\sin\theta+\cos\theta=-\frac{1}{2}$ の両辺を 2 乗すると

$$(\sin\theta+\cos\theta)^2=\left(-\frac{1}{2}\right)^2$$
$$\sin^2\theta+2\sin\theta\cos\theta+\cos^2\theta=\frac{1}{4}$$
$$1+2\sin\theta\cos\theta=\frac{1}{4}$$
$$2\sin\theta\cos\theta=-\frac{3}{4}$$

したがって　$\sin\theta\cos\theta=-\frac{\mathbf{3}}{\mathbf{8}}$

3 関数 $y=\sin 2\theta$ のグラフは，$y=\sin\theta$ のグラフを，y 軸をもとにして，θ 軸方向に $\frac{1}{2}$ 倍に縮小したものである。

よって，グラフは，次の図のようになる。

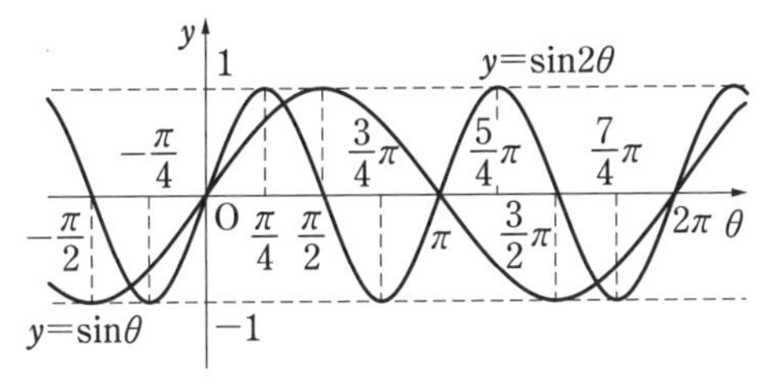

また，この関数の周期は　$\boldsymbol{\pi}$

4 α の動径は第 2 象限にあるから

$$\cos\alpha<0$$

β の動径は第 3 象限にあるから

$$\sin\beta<0$$

よって　$\cos\alpha=-\sqrt{1-\sin^2\alpha}$

$$=-\sqrt{1-\left(\frac{3}{5}\right)^2}$$
$$=-\sqrt{\frac{16}{25}}=-\frac{4}{5}$$
$$\sin\beta=-\sqrt{1-\cos^2\beta}$$
$$=-\sqrt{1-\left(-\frac{1}{3}\right)^2}$$
$$=-\sqrt{\frac{8}{9}}=-\frac{2\sqrt{2}}{3}$$

(1) $\sin(\alpha+\beta)$

$=\sin\alpha\cos\beta+\cos\alpha\sin\beta$

$=\frac{3}{5}\cdot\left(-\frac{1}{3}\right)+\left(-\frac{4}{5}\right)\cdot\left(-\frac{2\sqrt{2}}{3}\right)$

$=-\frac{\mathbf{1}}{\mathbf{5}}+\frac{\mathbf{8\sqrt{2}}}{\mathbf{15}}$

(2) $\cos(\alpha-\beta)$

$=\cos\alpha\cos\beta+\sin\alpha\sin\beta$

$=\left(-\frac{4}{5}\right)\cdot\left(-\frac{1}{3}\right)+\frac{3}{5}\cdot\left(-\frac{2\sqrt{2}}{3}\right)$

$=\frac{\mathbf{4}}{\mathbf{15}}-\frac{\mathbf{2\sqrt{2}}}{\mathbf{5}}$

5 (1) $\sin\left(\theta-\frac{\pi}{6}\right)$

$=\sin\theta\cos\frac{\pi}{6}-\cos\theta\sin\frac{\pi}{6}$

$=\frac{\sqrt{\mathbf{3}}}{\mathbf{2}}\mathbf{\sin\theta}-\frac{\mathbf{1}}{\mathbf{2}}\mathbf{\cos\theta}$

(2) $4\sin\theta-2\sqrt{3}\sin\left(\theta-\frac{\pi}{6}\right)$

$=4\sin\theta-2\sqrt{3}\left(\frac{\sqrt{3}}{2}\sin\theta-\frac{1}{2}\cos\theta\right)$

$=4\sin\theta-3\sin\theta+\sqrt{3}\cos\theta$

$=\sin\theta+\sqrt{3}\cos\theta$

$\sin\theta+\sqrt{3}\cos\theta=r\sin(\theta+\alpha)$ とおくと

$$r=\sqrt{1^2+(\sqrt{3})^2}=2,\quad \alpha=\frac{\pi}{3}$$

よって　$\sin\theta+\sqrt{3}\cos\theta=2\sin\left(\theta+\frac{\pi}{3}\right)$

したがって

$$4\sin\theta-2\sqrt{3}\sin\left(\theta-\frac{\pi}{6}\right)$$
$$=\mathbf{2\sin}\left(\boldsymbol{\theta}+\frac{\boldsymbol{\pi}}{\mathbf{3}}\right)$$

39 指数法則

本冊 p. 89

1 (1) ア　**−4**　イ　$\boldsymbol{a^4}$

(2) ア　**−**　イ　**3**

(3) ア　**×**　イ　$\boldsymbol{a^6}$

(4) ア　$\boldsymbol{b^{-5}}$　イ　$\boldsymbol{a^5b^5}$

2 (1) $3^{-2}\times3^4=3^{-2+4}=3^2=\mathbf{9}$

(2) $5^4\div5^6=5^{4-6}=5^{-2}=\frac{1}{5^2}$

$=\mathbf{\frac{1}{25}}$

(3) $(9^{-3})^0=\mathbf{1}$

(4) $10^{-3}\div10^{-5}=10^{-3-(-5)}=10^2=\mathbf{100}$

(5) $2^8\times2^{-4}\div2^3=2^{8+(-4)-3}=2^1=\mathbf{2}$

(6) $7^6\times(7^2)^{-3}=7^6\times7^{2\times(-3)}=7^6\times7^{-6}$

$=7^{6+(-6)}=7^0=\mathbf{1}$

40 累乗根 本冊 p. 91

1 (1) ア $\mathbf{\frac{1}{81}}$ イ $\mathbf{\frac{1}{3}}$

(2) ア **8** イ **16** ウ **2**

(3) ア **1** イ $\mathbf{\frac{1}{3}}$ ウ **2**

2 (1) $\sqrt[3]{2}\times\sqrt[3]{32}=\sqrt[3]{2\times32}$

$=\sqrt[3]{64}=\sqrt[3]{4^3}$

$=\mathbf{4}$

(2) $\sqrt[5]{96}\div\sqrt[5]{3}=\sqrt[5]{\frac{96}{3}}$

$=\sqrt[5]{32}=\sqrt[5]{2^5}$

$=\mathbf{2}$

(3) $3^{\frac{1}{3}}\times3^{\frac{5}{3}}=3^{\frac{1}{3}+\frac{5}{3}}=3^2=\mathbf{9}$

(4) $(16^{-\frac{2}{3}})^{\frac{3}{8}}=16^{(-\frac{2}{3})\times\frac{3}{8}}=16^{-\frac{1}{4}}$

$=\frac{1}{16^{\frac{1}{4}}}=\frac{1}{\sqrt[4]{2^4}}$

$=\mathbf{\frac{1}{2}}$

(5) $4^{\frac{2}{3}}\times4^{\frac{5}{6}}\div4=4^{\frac{2}{3}+\frac{5}{6}-1}=4^{\frac{1}{2}}$

$=\sqrt{4}=\mathbf{2}$

(6) $\sqrt{6}\times\sqrt[3]{6^2}\div\sqrt[6]{6}=6^{\frac{1}{2}}\times6^{\frac{2}{3}}\div6^{\frac{1}{6}}$

$=6^{\frac{1}{2}+\frac{2}{3}-\frac{1}{6}}=6^1$

$=\mathbf{6}$

41 指数関数とそのグラフ 本冊 p. 93

1 (1) ア **3** イ **右** ウ $\boldsymbol{x}$

(2) ア $\mathbf{3^{-2}}$ イ $\mathbf{3^0}$ ウ $\mathbf{3^{1.5}}$

2 (1) $\frac{2}{3}=\frac{8}{12}$，$\frac{3}{4}=\frac{9}{12}$ であるから，指数について　$-\frac{1}{2}<\frac{2}{3}<\frac{3}{4}$

底 2 は 1 より大きいから

$\mathbf{2^{-\frac{1}{2}}<2^{\frac{2}{3}}<2^{\frac{3}{4}}}$

(2) $1=\left(\frac{1}{4}\right)^0$ であるから，$\left(\frac{1}{4}\right)^0$，$\left(\frac{1}{4}\right)^{-1.5}$，$\left(\frac{1}{4}\right)^{2.5}$ の大小を比べる。

$-1.5<0<2.5$ で，底 $\frac{1}{4}$ は 1 より小さいから

$\left(\frac{1}{4}\right)^{2.5}<\left(\frac{1}{4}\right)^0<\left(\frac{1}{4}\right)^{-1.5}$

よって　$\mathbf{\left(\frac{1}{4}\right)^{2.5}<1<\left(\frac{1}{4}\right)^{-1.5}}$

42 指数関数と方程式，不等式 本冊 p. 95

1 (1) ア **3** イ $\boldsymbol{x\geqq3}$

(2) ア **−1** イ $\boldsymbol{x>-1}$

2 (1) 方程式を変形すると　$9^x=9^2$

よって　$\boldsymbol{x=2}$

(2) 方程式を変形すると　$3^{2x}=3^3$

よって　$2x=3$

したがって　$\boldsymbol{x=\frac{3}{2}}$

(3) 不等式を変形すると　$\left(\frac{1}{4}\right)^x\leqq\left(\frac{1}{4}\right)^2$

底 $\frac{1}{4}$ は 1 より小さいから　$\boldsymbol{x\geqq2}$

43 対数 本冊 p. 97

1 (1) ア **4** イ **4**

(2) ア $\mathbf{\frac{1}{2}}$ イ $\mathbf{\frac{1}{2}}$

(3) ア **−2** イ **−2**

2 (1) $\log_6 36=\log_6 6^2=\mathbf{2}$

(2) $\log_5 125=\log_5 5^3=\mathbf{3}$

(3) $\log_2\frac{1}{4}=\log_2\frac{1}{2^2}=\log_2 2^{-2}$

$=\mathbf{-2}$

(4) $\log_7 \frac{1}{\sqrt{7}} = \log_7 \frac{1}{7^{\frac{1}{2}}} = \log_7 7^{-\frac{1}{2}}$

$= \mathbf{-\frac{1}{2}}$

(5) $\log_3 \sqrt{27} = \log_3 \sqrt{3^3} = \log_3 3^{\frac{3}{2}}$

$= \mathbf{\frac{3}{2}}$

(6) $\log_{\sqrt{2}} 4 = \log_{\sqrt{2}} 2^2 = \log_{\sqrt{2}} (\sqrt{2})^4$

$= \mathbf{4}$

44 対数の性質 本冊 p. 99

1 (1) **ア 25　イ 100　ウ 2　エ 2**

(2) **ア 6　イ 12　ウ $\frac{1}{2}$　エ −1**

オ −1

2 (1) $\log_7 21 + \log_7 2 - \log_7 6$

$= \log_7 \frac{21 \times 2}{6}$

$= \log_7 7 = \mathbf{1}$

(2) $4\log_3 \sqrt{6} - \frac{1}{2}\log_3 16$

$= \log_3 (\sqrt{6})^4 - \log_3 16^{\frac{1}{2}}$

$= \log_3 36 - \log_3 4$

$= \log_3 \frac{36}{4} = \log_3 9$

$= \mathbf{2}$

(3) $\log_5 8 \times \log_8 25 = \log_5 8 \times \frac{\log_5 25}{\log_5 8}$

$= \log_5 25 = \mathbf{2}$

45 対数関数とそのグラフ 本冊 p. 101

1 (1) **ア 3　イ 右　ウ y**

(2) **ア $\log_3 \frac{1}{4}$　イ $\log_3 2$　ウ $\log_3 5$**

2 (1) 底 2 は 1 より大きく，$\frac{1}{5} < 3 < 7$ であるから　$\mathbf{\log_2 \frac{1}{5} < \log_2 3 < \log_2 7}$

(2) $0 = \log_{\frac{1}{4}} 1$ であるから，$\log_{\frac{1}{4}} 1$，$\log_{\frac{1}{4}} 3$，$\log_{\frac{1}{4}} 5$ の大小を比べる。

底 $\frac{1}{4}$ は 1 より小さく，$1 < 3 < 5$ であるから　$\log_{\frac{1}{4}} 5 < \log_{\frac{1}{4}} 3 < \log_{\frac{1}{4}} 1$

よって　$\mathbf{\log_{\frac{1}{4}} 5 < \log_{\frac{1}{4}} 3 < 0}$

46 対数関数と方程式，不等式 本冊 p. 103

1 (1) **ア 2　イ 24**

(2) **ア 3　イ 8**

2 (1) 真数は正であるから

$x+1>0$　かつ　$x-1>0$

すなわち　$x>1$　…… ①

方程式を変形すると

$\log_2 (x+1)(x-1) = 3$

よって　$(x+1)(x-1) = 2^3$

整理すると　$x^2 = 9$

① から　$\mathbf{x = 3}$

(2) 真数は正であるから　$x-2>0$

すなわち　$x>2$　…… ①

不等式を変形すると

$\log_{\frac{1}{3}} (x-2) \geqq \log_{\frac{1}{3}} \frac{1}{3}$

底 $\frac{1}{3}$ は 1 より小さいから

$x-2 \leqq \frac{1}{3}$

$x \leqq \frac{7}{3}$　…… ②

①，② から　$\mathbf{2 < x \leqq \frac{7}{3}}$

47 常用対数 本冊 p. 105

1 (1) **ア 0.0492　イ 10　ウ 1.0492**

(2) **ア 4　イ 2　ウ 0.6020　エ 1.6020**

2 (1) $\log_{10} 2^{40} = 40\log_{10} 2 = 40 \times 0.3010$

$= 12.04$

であるから

$12 < \log_{10} 2^{40} < 13$

$\log_{10} 10^{12} < \log_{10} 2^{40} < \log_{10} 10^{13}$

よって　$10^{12} < 2^{40} < 10^{13}$

したがって，2^{40} は **13 桁の整数**である。

(2) $\log_{10}3^{50}=50\log_{10}3=50\times0.4771$
$=23.855$

であるから

$$23<\log_{10}3^{50}<24$$

$$\log_{10}10^{23}<\log_{10}3^{50}<\log_{10}10^{24}$$

よって　　$10^{23}<3^{50}<10^{24}$

したがって，3^{50} は **24 桁**の整数である。

確認テスト

本冊 p. 106

1 (1) $\sqrt[4]{16}\times\sqrt[3]{16}\div\sqrt[12]{16}$
$=16^{\frac{1}{4}}\times16^{\frac{1}{3}}\div16^{\frac{1}{12}}$
$=16^{\frac{1}{4}+\frac{1}{3}-\frac{1}{12}}=16^{\frac{1}{2}}$
$=\sqrt{16}=\mathbf{4}$

(2) $3\log_{10}5+\frac{3}{2}\log_{10}4$
$=\log_{10}5^3+\log_{10}4^{\frac{3}{2}}$
$=\log_{10}5^3+\log_{10}(2^2)^{\frac{3}{2}}$
$=\log_{10}5^3+\log_{10}2^3$
$=\log_{10}(5^3\cdot2^3)=\log_{10}10^3$
$=\mathbf{3}$

2 (1) $\log_9 8=\frac{\log_3 8}{\log_3 9}=\frac{\log_3 2^3}{\log_3 3^2}$
$=\frac{3\log_3 2}{2}=\boldsymbol{\frac{3a}{2}}$

(2) $\log_4 3=\frac{\log_3 3}{\log_3 4}=\frac{1}{\log_3 2^2}$
$=\frac{1}{2\log_3 2}=\boldsymbol{\frac{1}{2a}}$

3 (1) $\sqrt{2}=2^{\frac{1}{2}}$
$\sqrt[3]{16}=\sqrt[3]{2^4}=2^{\frac{4}{3}}$
$\sqrt[4]{8}=\sqrt[4]{2^3}=2^{\frac{3}{4}}$

3 つの数 $2^{\frac{1}{2}}$，$2^{\frac{4}{3}}$，$2^{\frac{3}{4}}$ の大小を考える。

底 2 は 1 より大きく，$\frac{1}{2}<\frac{3}{4}<\frac{4}{3}$ であるから　　$2^{\frac{1}{2}}<2^{\frac{3}{4}}<2^{\frac{4}{3}}$

よって　　$\boldsymbol{\sqrt{2}<\sqrt[4]{8}<\sqrt[3]{16}}$

(2) $\log_9 30=\frac{\log_3 30}{\log_3 9}=\frac{1}{2}\log_3 30$
$=\log_3\sqrt{30}$

$1.5=\log_3 3^{1.5}=\log_3 3^{\frac{3}{2}}=\log_3(3^3)^{\frac{1}{2}}$
$=\log_3\sqrt{27}$

3 つの数 $\log_3 5$，$\log_3\sqrt{30}$，$\log_3\sqrt{27}$ の大小を考える。

底 3 は 1 より大きく，$5<\sqrt{27}<\sqrt{30}$ であるから　　$\log_3 5<\log_3\sqrt{27}<\log_3\sqrt{30}$

よって　　$\mathbf{\log_3 5<1.5<\log_9 30}$

4 (1) $2^{x+1}=\frac{1}{8}$ から　$2^{x+1}=2^{-3}$

よって　　$x+1=-3$

したがって　　$\boldsymbol{x=-4}$

(2) 真数は正であるから

$x-2>0$　かつ　$2x-7>0$

すなわち　　$x>\frac{7}{2}$　…… ①

方程式を変形すると

$\log_9(x-2)(2x-7)=1$

よって　　$(x-2)(2x-7)=9$

整理すると　　$2x^2-11x+5=0$
$(x-5)(2x-1)=0$

① から　　$\boldsymbol{x=5}$

(3) 真数は正であるから

$x-3>0$　かつ　$x-1>0$

すなわち　　$x>3$　…… ①

不等式を変形すると

$\log_{\frac{1}{3}}(x-3)^2>\log_{\frac{1}{3}}(x-1)$

底 $\frac{1}{3}$ は 1 より小さいから

$(x-3)^2<x-1$

整理すると　　$x^2-7x+10<0$
$(x-2)(x-5)<0$

よって　　$2<x<5$　…… ②

①，② から　　$\boldsymbol{3<x<5}$

5 (1) $\log_{10}5=\log_{10}\frac{10}{2}$
$=\log_{10}10-\log_{10}2$
$=1-0.3010=\mathbf{0.6990}$

(2) $\log_{10}5^{20}=20\log_{10}5=20\times0.6990$
$=13.98$
であるから
$$13<\log_{10}5^{20}<14$$
$$\log_{10}10^{13}<\log_{10}5^{20}<\log_{10}10^{14}$$
よって　$10^{13}<5^{20}<10^{14}$
したがって，5^{20} は **14 桁の整数である。**

48 平均変化率と微分係数 本冊 p. 109

1 (1) ア **4**　イ **2**　ウ **12**　エ **6**
(2) ア $\boldsymbol{2+h}$　イ **2**　ウ $\boldsymbol{4h+h^2}$
エ $\boldsymbol{4+h}$　オ **4**

2 (1) $\dfrac{f(4)-f(0)}{4-0}=\dfrac{4^2-0^2}{4-0}=\dfrac{16}{4}=\mathbf{4}$

(2) $f'(-1)=\displaystyle\lim_{h\to0}\frac{f(-1+h)-f(-1)}{h}$
$=\displaystyle\lim_{h\to0}\frac{(-1+h)^2-(-1)^2}{h}$
$=\displaystyle\lim_{h\to0}\frac{h^2-2h+1-1}{h}$
$=\displaystyle\lim_{h\to0}\frac{h(h-2)}{h}=\lim_{h\to0}(h-2)$
$=\mathbf{-2}$

49 導関数 本冊 p. 111

1 (1) ア **1**　イ $\boldsymbol{2x}$　ウ $\boldsymbol{3x^2}$
(2) ア $\boldsymbol{x+h}$　イ $\boldsymbol{x}$　ウ **3**　エ **3**

2 (1) $f'(x)=\displaystyle\lim_{h\to0}\frac{-(x+h)-(-x)}{h}$
$=\displaystyle\lim_{h\to0}\frac{-h}{h}=\lim_{h\to0}(-1)$
$=\mathbf{-1}$

(2) $f'(x)=\displaystyle\lim_{h\to0}\frac{2(x+h)^2-2x^2}{h}$
$=\displaystyle\lim_{h\to0}\frac{2x^2+4xh+2h^2-2x^2}{h}$
$=\displaystyle\lim_{h\to0}\frac{2h(2x+h)}{h}$
$=\displaystyle\lim_{h\to0}2(2x+h)=\boldsymbol{4x}$

50 いろいろな関数の微分 本冊 p. 113

1 (1) ア $\boldsymbol{x^2}$　イ $\boldsymbol{x}$　ウ $\boldsymbol{-2x+2}$
(2) ア $\boldsymbol{6x^2}$　イ $\boldsymbol{6x^2-12x}$

2 (1) $y'=(2x^2-4x+3)'$
$=2(x^2)'-4(x)'+(3)'$
$=2\cdot2x-4\cdot1=\boldsymbol{4x-4}$

(2) $y'=\left(\dfrac{1}{3}x^3-\dfrac{1}{2}x^2-x+1\right)'$
$=\dfrac{1}{3}(x^3)'-\dfrac{1}{2}(x^2)'-(x)'+(1)'$
$=\dfrac{1}{3}\cdot3x^2-\dfrac{1}{2}\cdot2x-1$
$=\boldsymbol{x^2-x-1}$

(3) 右辺を展開すると　$y=6x^2+x-2$
よって　$y'=(6x^2+x-2)'$
$=6(x^2)'+(x)'-(2)'$
$=6\cdot2x+1=\boldsymbol{12x+1}$

51 接線 本冊 p. 115

1 ア $\boldsymbol{2x}$　イ **−2**　ウ **−2**　エ **−1**
オ $\boldsymbol{-2x-4}$

2 (1) $f(x)=x^2-x$ とおくと
$f'(x)=2x-1$
であるから，点 $(1,\ 0)$ における接線の傾きは　$f'(1)=2\cdot1-1=1$
よって，接線の方程式は
$y-0=1\cdot(x-1)$
すなわち　$\boldsymbol{y=x-1}$

(2) $f(x)=x^2+4x+5$ とおくと
$f'(x)=2x+4$
であるから，点 $(-3,\ 2)$ における接線の傾きは　$f'(-3)=2\cdot(-3)+4=-2$
よって，接線の方程式は
$y-2=-2\{x-(-3)\}$
すなわち　$\boldsymbol{y=-2x-4}$

52 関数の増減 本冊 p. 117

1 ア $\boldsymbol{-1<x<1}$　イ $\boldsymbol{x<-1,\ 1<x}$
ウ **−**　エ **+**　オ **−**　カ ↘　キ ↗
ク ↘

2 (1) $f'(x)=2x-4$

$f'(x)=0$ とすると　$x=2$

$f'(x)>0$ となる x の値の範囲は　$x>2$

$f'(x)<0$ となる x の値の範囲は　$x<2$

$f(x)$ の増減は，次の表のようになる。

x	……	2	……
$f'(x)$	$-$	0	$+$
$f(x)$	↘	1	↗

(2) $f'(x)=3x^2+6x-9$

$=3(x+3)(x-1)$

$f'(x)=0$ とすると　$x=-3,\ 1$

$f'(x)>0$ となる x の値の範囲は

$x<-3,\ 1<x$

$f'(x)<0$ となる x の値の範囲は

$-3<x<1$

$f(x)$ の増減は，次の表のようになる。

x	……	-3	……	1	……
$f'(x)$	$+$	0	$-$	0	$+$
$f(x)$	↗	27	↘	-5	↗

53 関数の極大・極小

本冊 p. 119

1 ア $\boldsymbol{3x^2}$　イ ＋　ウ ＋　エ ↗　オ ↗
カ 増加

2 (1) $y'=-3x^2+6x=-3x(x-2)$

$y'=0$ とすると　$x=0,\ 2$

y の増減表は次のようになる。

x	……	0	……	2	……
y'	$-$	0	$+$	0	$-$
y	↘	極小 -2	↗	極大 2	↘

よって，

$x=2$ で極大値 2

をとり，

$x=0$ で極小値 -2

をとる。

また，グラフは右の図のようになる。

(2) $y'=3x^2+6x+3=3(x+1)^2$

$y'=0$ とすると　$x=-1$

y の増減表は次のようになる。

x	……	-1	……
y'	$+$	0	$+$
y	↗	0	↗

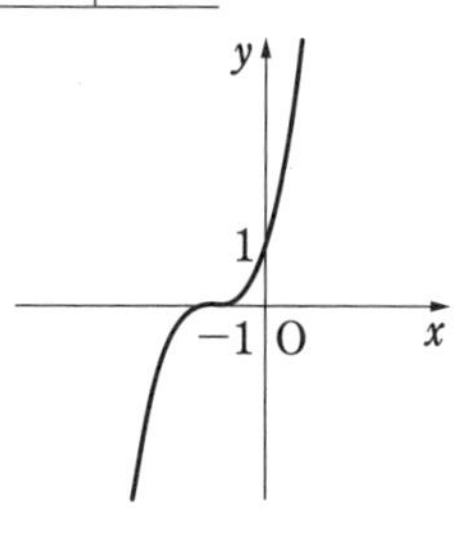

よって，この関数は常に増加する。

したがって，**極値はない。**

また，グラフは右の図のようになる。

54 関数の最大・最小

本冊 p. 121

1 **ア 19　イ -1　ウ 3　エ -1　オ -3**
カ 19　キ -1, 2　ク -1

2 $y'=3x^2-12=3(x+2)(x-2)$

$y'=0$ とすると　$x=-2,\ 2$

$-3\leqq x\leqq 3$ における y の増減表は次のようになる。

x	-3	…	-2	…	2	…	3
y'		$+$	0	$-$	0	$+$	
y	12	↗	極大 19	↘	極小 -13	↗	-6

よって，関数 y は

$x=-2$ で最大値 19 をとり，

$x=2$ で最小値 -13 をとる。

55 方程式，不等式への応用

本冊 p. 123

1 **ア 3　イ 1　ウ 2**

2 (1) $f(x)=x^3+3x^2-6$ とおくと

$f'(x)=3x^2+6x=3x(x+2)$

$f'(x)=0$ とすると　$x=0,\ -2$

$f(x)$ の増減表は次のようになる。

x	……	-2	……	0	……
$f'(x)$	$+$	0	$-$	0	$+$
$f(x)$	↗	極大 -2	↘	極小 -6	↗

関数 $f(x)=x^3+3x^2-6$ のグラフは，次の図のようになり，

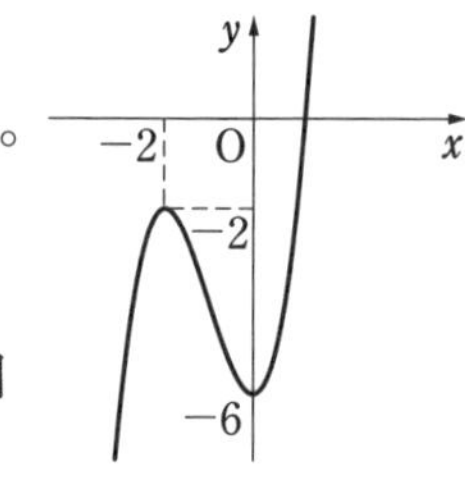

x 軸と 1 点で交わる。

よって，方程式

$x^3+3x^2-6=0$

の異なる実数解の個数は　**1 個**

(2) $f(x)=x^3-12x+16$ とおくと

$$f'(x)=3x^2-12=3(x+2)(x-2)$$

$f'(x)=0$ とすると　　$x=-2,\ 2$

$x\geqq 0$ における $f(x)$ の増減表は次のようになる。

x	0	……	2	……
$f'(x)$		$-$	0	$+$
$f(x)$	16	↘	極小 0	↗

$x\geqq 0$ において，関数 $f(x)$ は，$x=2$ で最小値 0 をとる。

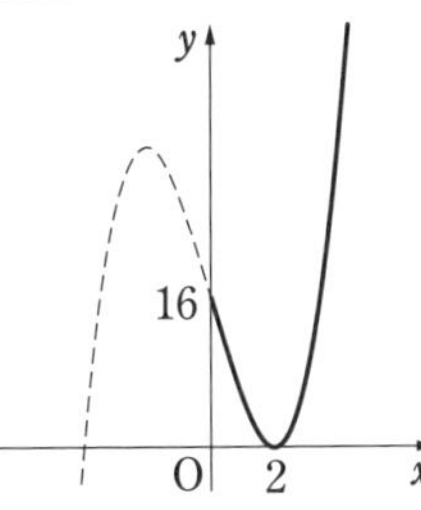

よって，$x\geqq 0$ のとき，$f(x)\geqq 0$ であるから

$$x^3-12x+16\geqq 0$$

すなわち　$x^3\geqq 12x-16$

等号が成り立つのは，$\boldsymbol{x=2}$ のときである。

56 不定積分

本冊 p. 125

1 (1) ア $\boldsymbol{\dfrac{x^2}{2}}$　イ $\boldsymbol{-2x^2}$

(2) ア $\boldsymbol{\dfrac{x^3}{3}}$　イ $\boldsymbol{3x}$　ウ $\boldsymbol{\dfrac{2}{3}x^3+3x}$

2 (1) $\displaystyle\int(2x-5)dx=2\cdot\frac{x^2}{2}-5x+C$

$$=\boldsymbol{x^2-5x+C}$$

(2) $\displaystyle\int(3x^2+8x)dx=3\cdot\frac{x^3}{3}+8\cdot\frac{x^2}{2}+C$

$$=\boldsymbol{x^3+4x^2+C}$$

(3) $\displaystyle\int(6x^2+2x-1)dx$

$=6\cdot\dfrac{x^3}{3}+2\cdot\dfrac{x^2}{2}-x+C$

$=\boldsymbol{2x^3+x^2-x+C}$

(4) $\displaystyle\int(4x^2+3x-1)dx$

$=4\cdot\dfrac{x^3}{3}+3\cdot\dfrac{x^2}{2}-x+C$

$=\boldsymbol{\dfrac{4}{3}x^3+\dfrac{3}{2}x^2-x+C}$

(5) $\displaystyle\int(x-1)(x+3)dx$

$=\displaystyle\int(x^2+2x-3)dx$

$=\dfrac{x^3}{3}+2\cdot\dfrac{x^2}{2}-3x+C$

$=\boldsymbol{\dfrac{x^3}{3}+x^2-3x+C}$

57 定積分

本冊 p. 127

1 (1) ア **5**　イ **1**　ウ **4**

(2) ア **3**　イ **0**　ウ **9**

2 (1) $\displaystyle\int_1^3(4x-3)dx=\Big[2x^2-3x\Big]_1^3$

$=(2\cdot3^2-3\cdot3)-(2\cdot1^2-3\cdot1)$

$=9-(-1)=\boldsymbol{10}$

(2) $\displaystyle\int_{-1}^2(3x^2-2x+1)dx=\Big[x^3-x^2+x\Big]_{-1}^2$

$=(2^3-2^2+2)-\{(-1)^3-(-1)^2+(-1)\}$

$=6-(-3)=\boldsymbol{9}$

(3) $\displaystyle\int_{-2}^2(x^2+x-2)dx=\left[\frac{x^3}{3}+\frac{x^2}{2}-2x\right]_{-2}^2$

$=\left(\dfrac{2^3}{3}+\dfrac{2^2}{2}-2\cdot2\right)$

$\quad-\left\{\dfrac{(-2)^3}{3}+\dfrac{(-2)^2}{2}-2\cdot(-2)\right\}$

$=\dfrac{2}{3}-\dfrac{10}{3}=\boldsymbol{-\dfrac{8}{3}}$

58 定積分の性質

本冊 p. 129

1 (1) ア $\boldsymbol{x}$　イ $\boldsymbol{\dfrac{x^2}{2}}$　ウ **2**　エ $\boldsymbol{\dfrac{17}{2}}$

(2) ア $\boldsymbol{3x^2-x+2}$

2 (1) $\displaystyle\int_{-1}^3(x^2-4x+2)dx$

$=\displaystyle\int_{-1}^3x^2dx-4\int_{-1}^3x\,dx+2\int_{-1}^3dx$

$=\left[\dfrac{x^3}{3}\right]_{-1}^3-4\left[\dfrac{x^2}{2}\right]_{-1}^3+2\Big[x\Big]_{-1}^3$

$=\dfrac{3^3-(-1)^3}{3}-4\cdot\dfrac{3^2-(-1)^2}{2}$

$\quad+2\{3-(-1)\}$

$=\dfrac{28}{3}-16+8=\boldsymbol{\dfrac{4}{3}}$

(2) $\int_0^2 (x^2-x+1)dx+\int_0^2 (2x^2+x-3)dx$

$=\int_0^2 \{(x^2-x+1)+(2x^2+x-3)\}\,dx$

$=\int_0^2 (3x^2-2)dx$

$=3\int_0^2 x^2dx-2\int_0^2 dx$

$=3\left[\dfrac{x^3}{3}\right]_0^2-2\Big[x\Big]_0^2$

$=3\cdot\dfrac{2^3-0^3}{3}-2(2-0)$

$=8-4$

$=4$

59 定積分と面積 (1)　本冊 p. 131

1 ア $-\dfrac{\boldsymbol{x}^3}{\mathbf{3}}$　イ $-\dfrac{\mathbf{1}}{\mathbf{3}}$　ウ $\dfrac{\mathbf{1}}{\mathbf{3}}$　エ $\dfrac{\mathbf{22}}{\mathbf{3}}$

2 (1) $-1\leqq x\leqq 2$ では

$y>0$ であるから

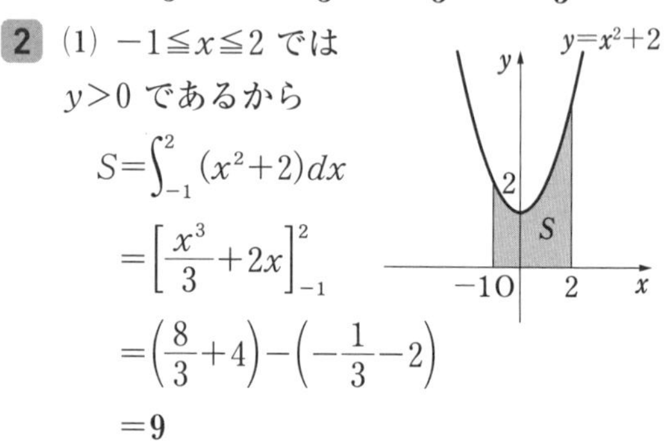

$S=\int_{-1}^2 (x^2+2)dx$

$=\left[\dfrac{x^3}{3}+2x\right]_{-1}^2$

$=\left(\dfrac{8}{3}+4\right)-\left(-\dfrac{1}{3}-2\right)$

$=\mathbf{9}$

(2) $0\leqq x\leqq 4$ では $y\geqq 0$ であるから

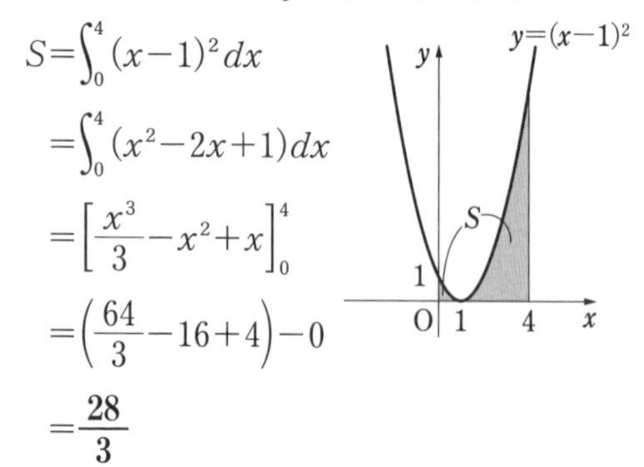

$S=\int_0^4 (x-1)^2dx$

$=\int_0^4 (x^2-2x+1)dx$

$=\left[\dfrac{x^3}{3}-x^2+x\right]_0^4$

$=\left(\dfrac{64}{3}-16+4\right)-0$

$=\dfrac{\mathbf{28}}{\mathbf{3}}$

60 定積分と面積 (2)　本冊 p. 133

1 ア ≦　イ $\dfrac{\boldsymbol{x}^3}{\mathbf{3}}$　ウ $\dfrac{\mathbf{8}}{\mathbf{3}}$　エ $\dfrac{\mathbf{4}}{\mathbf{3}}$

2 (1) 放物線と x 軸の交点の x 座標は，方程式 $x^2-2x-8=0$ を解いて

$x=-2,\ 4$

$-2\leqq x\leqq 4$ では $y\leqq 0$ であるから

$S=-\int_{-2}^4 (x^2-2x-8)dx$

$=-\left[\dfrac{x^3}{3}-x^2-8x\right]_{-2}^4$

$=-\left(\dfrac{64}{3}-16-32\right)+\left(-\dfrac{8}{3}-4+16\right)$

$=\mathbf{36}$

(2) 放物線と直線の交点の x 座標は，方程式

$-x^2+2x+3=2x-1$

を解いて

$x=-2,\ 2$

よって，求める面積 S は，図から

$S=\int_{-2}^2 \{(-x^2+2x+3)-(2x-1)\}\,dx$

$=\int_{-2}^2 (-x^2+4)dx$

$=\left[-\dfrac{x^3}{3}+4x\right]_{-2}^2$

$=\left(-\dfrac{8}{3}+8\right)-\left(\dfrac{8}{3}-8\right)$

$=\dfrac{\mathbf{32}}{\mathbf{3}}$

確認テスト　本冊 p. 134

1 (1) $y'=\dfrac{2}{3}\cdot 3x^2-\dfrac{5}{2}\cdot 2x+4$

$=\boldsymbol{2x^2-5x+4}$

(2) 右辺を展開すると　$y=2x^2-x-6$

よって　$y'=2\cdot 2x-1$

$=\boldsymbol{4x-1}$

2 (1) $f(x)=x^2-4x+5$ とおくと

$$f'(x)=2x-4$$

であるから，点 $(3,\ 2)$ における接線の傾きは　$f'(3)=2\cdot3-4=2$

よって，接線の方程式は

$$y-2=2(x-3)$$

すなわち　$\boldsymbol{y=2x-4}$

(2) 接点Pの x 座標を a とする。

Pにおける傾きが -6 であるとき

$$f'(a)=-6$$

$$2a-4=-6$$

よって　$a=-1$

このとき，Pの y 座標は

$$y=(-1)^2-4\cdot(-1)+5=10$$

したがって，Pの座標は　$\boldsymbol{(-1,\ 10)}$

3 $y'=6x^2-2x-4=2(x-1)(3x+2)$

$y'=0$ とすると　$x=1,\ -\dfrac{2}{3}$

$-1\leqq x\leqq 2$ における y の増減表は次のようになる。

x	-1	$\cdots$	$-\frac{2}{3}$	$\cdots$	1	$\cdots$	2
y'		$+$	0	$-$	0	$+$	
y	1	↗	極大 $\frac{44}{27}$	↘	極小 -3	↗	4

よって，関数 y は

$x=2$ で最大値 4 をとり，

$x=1$ で最小値 -3 をとる。

4 $y'=3x^2-2x=x(3x-2)$

$y'=0$ とすると　$x=0,\ \dfrac{2}{3}$

y の増減表は次のようになる。

x	$\cdots\cdots$	0	$\cdots\cdots$	$\frac{2}{3}$	$\cdots\cdots$
y'	$+$	0	$-$	0	$+$
y	↗	極大	↘	極小	↗

$x=0$ のとき，極大値は　$y=a$

$x=\dfrac{2}{3}$ のとき，極小値は　$y=a-\dfrac{4}{27}$

グラフが x 軸に接するのは，極大値または極小値が 0 に等しいときである。

$a>0$ であるから　$\boldsymbol{a=\dfrac{4}{27}}$

5 $F'(x)=3x^2-6x+4$ であるから

$$F(x)=\int(3x^2-6x+4)dx$$

$$=x^3-3x^2+4x+C$$

$$F(1)=1^3-3\cdot1^2+4\cdot1+C$$

$$=2+C$$

$F(1)=7$ から　$2+C=7$

よって　$C=5$

したがって　$\boldsymbol{F(x)=x^3-3x^2+4x+5}$

6 放物線 $y=x^2-6x$ と x 軸の交点の x 座標は，方程式 $x^2-6x=0$ を解いて

$$x=0,\ 6$$

2 つの放物線 $y=x^2-6x$ と $y=-\dfrac{1}{2}x^2$ の交点の x 座標は，方程式

$x^2-6x=-\dfrac{1}{2}x^2$ を解いて　$x=0,\ 4$

$0\leqq x\leqq 4$ において

$$-\frac{1}{2}x^2\leqq 0$$

$4\leqq x\leqq 6$ において

$$x^2-6x\leqq 0$$

$0\leqq x\leqq 4$ と $4\leqq x\leqq 6$ の範囲に分けて面積を求める。

$$S=-\int_0^4\left(-\frac{1}{2}x^2\right)dx+\left\{-\int_4^6(x^2-6x)dx\right\}$$

$$=\left[\frac{x^3}{6}\right]_0^4-\left[\frac{x^3}{3}-3x^2\right]_4^6$$

$$=\frac{64}{6}-\left\{\left(\frac{216}{3}-3\cdot36\right)-\left(\frac{64}{3}-3\cdot16\right)\right\}$$

$$=\frac{32}{3}+\frac{28}{3}$$

$$=\boldsymbol{20}$$

13982　答